有梦想，肯努力！

于春泽

新时代
学术进阶丛书

科研力
学术成长的路径、招式和心法

老踏 著

清华大学出版社
北京

本书封面贴有清华大学出版社防伪标签，无标签者不得销售。
版权所有，侵权必究。举报：010-62782989，beiqinquan@tup.tsinghua.edu.cn。

图书在版编目（CIP）数据

科研力：学术成长的路径、招式和心法 / 老踏著 .
北京：清华大学出版社 , 2025.4.（2025.6 重印）
（新时代学术进阶丛书）. -- ISBN 978-7-302-68735-1

Ⅰ . G311

中国国家版本馆 CIP 数据核字第 2025X7G442 号

责任编辑：顾　强
封面设计：周　洋
版式设计：方加青
责任校对：王荣静
责任印制：刘海龙

出版发行：清华大学出版社
　　　　　网　　址：https://www.tup.com.cn，https://www.wqxuetang.com
　　　　　地　　址：北京清华大学学研大厦 A 座　　邮　　编：100084
　　　　　社 总 机：010-83470000　　　　　　　　邮　　购：010-62786544
　　　　　投稿与读者服务：010-62776969，c-service@tup.tsinghua.edu.cn
　　　　　质 量 反 馈：010-62772015，zhiliang@tup.tsinghua.edu.cn
印 装 者：艺通印刷（天津）有限公司
经　　销：全国新华书店
开　　本：148mm×210mm　　　印　　张：10.125　　　字　　数：235 千字
版　　次：2025 年 5 月第 1 版　　印　　次：2025 年 6 月第 2 次印刷
定　　价：68.00 元

产品编号：107177-01

序言

写给普通人的"Z"型科研破局指南

你翻开的这本书，是一位在社科科研工作领域摸爬滚打 20 年的"老兵"奉上的诚意之作。我的诚意，主要体现在如下几个方面。

首先，在这本书里，我"把自己当作方法"，全然地、真切地，以现身说法的姿态，为你提供科研人的破局建议。我在书里所列举的这些"局"，无论是外部的还是内核的，都是困住过我的。也正因为如此，我的建议不敢说一定能帮到你，但至少是我自己经过摔打摸索出来、亲测有效的。而我以这种姿态来写作的发心，是不希望你也被同样的"局"所困，让你在科研求索的道路上，自带破局气质。

其次，我认真回顾了自己 20 年的学术成长之路，将那些曾经把我踩在地上摩擦、阻碍我前进的"局"，概括为 21 个问题。

这些问题，既对标科研能力提升的不同层次，也适配科研人职业发展的不同阶段。这些问题，既有基础性的，诸如怎样阅读文献，怎样进行时间管理和任务管理，怎样参加学术会议，怎样找准研究议题等；也有成长性的，诸如起点低该怎么办，博士不好毕业该怎么办，不知入职哪所高校或科研院所该怎么办，论文发表难、项目获批难该怎么办等；还有挑战性的，诸如怎样才能评上教授职称，怎样组建自己的科研团队，怎样拿到省部级科研成果奖，怎样成就一生的志业等。我把这21个问题一一对应地落地为本书的21章内容，对这些问题掰开揉碎、全面分析、各个击破。

最后，我精心编排了这本书的写作结构，设计了一个从"地板"到"天花板"、由外而内、稳扎稳打、拾级而上、步步为营的"Z"型科研能力进阶路线图。当然，我不敢保证书里对每一阶的讲述都让你醍醐灌顶，但它一定会给你提供即学即用、所见即所得的认知图谱和行动方案。巴菲特在某年的致股东信中提到，"宁要模糊的正确，不要精确的错误"。我在这本书里所提供的，正是这样一种模糊的正确。也许它无法在细节上精准匹配你的需要，但它指出了正确的方向，可以让你沿着正确的道路前进。

诚然，我只是个科研老兵，不是新锐，更不是大佬。而无论是新锐还是大佬，他们的学术成就、社会声望、认知水平、经验方法都远超过我、完胜于我，他们所具有的势能是我所不具备的。因此必须承认，这是我用诚意无法弥补的短板。我唯一的优势在于，我是普通人，我用20年的时间完成了从四线城市地方学院的本科助教，成长为全国重点大学的教授、博士生导师。也许，我比那些天赋异禀、顺风顺水的学界新锐更了解普通人的学术成长路径，更懂得普通人的艰辛和付出，更明白普通人的尊严和梦想。作为一个普通人，我的认知和经验更能实实在在地帮到你。

讲一个我看过的故事吧。一支军队在阿尔卑斯山跟大部队走散了，迷失了方向。最初几天，大家大胆探索尝试，但都没有结果。于是在意见不统一、谁也说服不了谁的时候，大家决定轮流坐庄。然而，轮流坐庄的结果是原地打转，补给越来越少，军队还出现哗变的可能。这时候，他们在一个废弃的屋子里捡到一张地图——所有人都认为这张地图就是阿尔卑斯山的地图，一致决定按照这个地图往前走。虽然在按照这个地图走的时候，他们发现地图有问题，但不管怎样，他们都认可这张地图，最终走出了阿尔卑斯山。多年以后，这些人终于发现，那张地图所绘的根本不是阿尔卑斯山。

　　一张错误的地图，为什么可以帮助军队走出那个地方？首先，这张地图至少可以让人起步。而只有当人们真正行动起来，才能分辨哪条是对的路，哪条是错的路。如果非要等到有了确定无疑的道路才开始走，那人们将永远无法开始行动。事实上，没有人能在你出发之前就给出一条完全对的路，因为，这是你自己要走的路。

　　也许本书只是那张地图，但它将带你翻越你的山。

Z4 —— 直上云霄：击碎玻璃天花板

第21章 如何开启飞轮效应，成就你一生的志业？ **294**

后　记 科研人，要像斯多葛主义者那样思考与行动 **308**

Z3 内核修炼的进阶路线图

第17章
都说问题意识很重要，
怎样找准研究议题？ **233**

第16章
都说阅读文献很重要，
到底该怎样读文献？ **219**

第15章
怎样实现心智模式转换，
赋能科研工作？ **205**

第14章
科研人的身份，
究竟该如何定义？

第5章
想要入职高校/科研院所，
最该看重哪一点？ **060**

第13章
怎样看清基本盘，
科研工作到底是什么？

第4章
要不要去做，
以及怎样去做个博士后？ **046**

第12章
怎样维护身心健康，
保持精力充沛的状态？ **162**

第3章
就算申博/考博成功也不好毕业，
费那个劲干啥？ **029**

第2章
岁数大了，现在申博/考博
还来得及吗？

第20章 276
面对纷至沓来的工作任务，
怎样去执行？

第11章
想获得省部级以上科研
成果奖是痴心妄想？

第19章 260
面对千头万绪的日常工作，
哪有时间做科研？

第10章 133
听说竞争很激烈，
项目课题要不要申报？

第18章 246
都说跟随趋势很重要，
怎样捕捉学术热点？

第9章 117
论文发表如此之难，
究竟该怎么办？

第8章 103
怎样拥有一支属于自己的
科研团队？

第7章 090
晋升副教授就很了不起，
干吗非要评教授？

第6章 073
参加学术会议，
到底能学到什么？

Z2 外部突围的进阶路线图

Z1 —— 接受现实：别为你的起点哭泣

第1章 002　起点这么低，选择科研行业还有机会吗？

目录

第1章 起点这么低，选择科研行业还有机会吗？ / 2

1. 低学历走上大学讲台的3点好处 / 3
2. 低职称给本科生上课的4大爽点 / 6
3. 英雄莫问出处，以什么"身段"入行不重要 / 9
4. 机会是在你认为自己没机会的时候错过的 / 11

第2章 岁数大了，现在申博/考博还来得及吗？ / 16

1. 如果大龄考博，你会拥有4个优势 / 17
2. 申请-考核制与社会招考，分别看重哪些指标？ / 21
3. 申博/考博很简单，但要忘记应试教育那一套 / 24
4. 当你认定自己来不及的时候才真的来不及 / 26

第3章 就算申博/考博成功也不好毕业，费那个劲干啥？ / 29

1. 我是怎样用9个月完成博士毕业论文的 / 30
2. 早规划、定任务、重执行，"三步走"达到毕业条件 / 37
3. 做好大小论文的统筹与协同，事半功倍不是梦 / 41
4. 只有坚信自己可以如期毕业的人，才会如期毕业 / 43

第 4 章　要不要去做，以及怎样去做个博士后？ / 46

1. 做好成本收益分析，看清是否要去做博士后 / 47
2. 博士后是手段，做与不做、去哪里做主要看目的 / 50
3. 想让博士后阶段助力学术成长，你得做对 6 件事 / 53
4. 给自己一个"看看梦想赋予你的那个世界"的机会 / 57

第 5 章　想要入职高校 / 科研院所，最该看重哪一点？ / 60

1. 帮你把握入职单位"基本盘"的 5 个维度 / 61
2. 如果你是乐观派，低头看路很重要 / 64
3. 如果你是悲观派，仰望星空也重要 / 66
4. 你所看重的，终将定义"你是谁" / 69

第 6 章　参加学术会议，到底能学到什么？ / 73

1. 那次参会，让我立志要成为他们中的一员 / 74
2. 该从报告人、主持人、点评嘉宾和提问者那里学什么 / 76
3. 制订你的参会攻略，享受你的科研精进盛宴 / 81
4. 没有不好的学术会议，只有不好的参会者 / 86

第 7 章　晋升副教授就很了不起，干吗非要评教授？ / 90

1. 我是怎样（在第一次参评失利后）评上教授的 / 91
2. 稀缺带来"选择压"，"选择压"决定生态位 / 93
3. 没有谁能命令一个人去评教授，除非他自己 / 97
4. 别对科研人说他不懂放弃参评教授的代价 / 100

第 8 章　怎样拥有一支属于自己的科研团队？ / 103

1. "草台班子"也要好过孤军奋战，早觉醒早受益 / 104
2. 如果不能组建自己的团队，就先加入一个 / 107

3. 团队合作是科研产出的放大器和校准仪 / 110

4. 别抱怨，这是你能拥有的最好团队 / 113

第 9 章　论文发表如此之难，究竟该怎么办？ / 117

1. 论文投稿，所有"不正常"其实都是常态 / 118

2. "质量为王"是论文发表的"第一性原理" / 122

3. 与其抱怨宏观，不如在"能力圈"内努力改变微观 / 127

4. 慢慢来比较快，捷径是发表论文最远的路 / 131

第 10 章　听说竞争很激烈，项目课题要不要申报？ / 133

1. 连续 4 次申报某部委项目都未中标是种什么感觉 / 134

2. 怎样获批你的第一个国家社科基金项目 / 137

3. 放弃对"等我……之后就去申报"的幻想 / 139

4. 你不是拖延症，你只是害怕面对可能的失败 / 146

第 11 章　想获得省部级以上科研成果奖是痴心妄想？ / 149

1. 我是怎样拿到 3 个省部级优秀成果二等奖的 / 150

2. 科研成果奖的门槛很低，但要获奖得靠实力 / 152

3. 实力和其他因素是 1 和 0，没有 1，再多 0 也没用 / 155

4. 尽人事，听天命，然后忘记这件事 / 158

第 12 章　怎样维护身心健康，保持精力充沛的状态？ / 162

1. 水果、杂粮、坚果、豆奶……健康饮食很重要 / 163

2. 跳绳、卷腹、深蹲、慢跑、游泳……每周运动 150 分钟 / 167

3. 体能、情绪、注意力、意义感，搭建精力管理金字塔 / 170

4. 自我激励、积极暗示、规律作息、习惯养成 / 173

第 13 章　怎样看清基本盘，科研工作到底是什么？／ 176

1. 科研，就是在垂直细分研究领域"挖呀挖呀挖"／ 177
2. 任何科研成果的获得，都是小概率事件／ 180
3. 科研能力的提升，重在"正确的方法持续做"／ 182
4. 写作能力对科研工作目标的达成很重要／ 186

第 14 章　科研人的身份，究竟该如何定义？／ 190

1. 科研人是玩家、教练和老板／ 191
2. 用玩家身份逼自己全面落地执行／ 195
3. 用教练身份帮自己选择优势赛道／ 198
4. 用老板身份为自己整合外部资源／ 201

第 15 章　怎样实现心智模式转换，赋能科研工作？／ 205

1. 从"保持平衡"到"专注当下"／ 206
2. 从"追求效率"到"重视效果"／ 208
3. 从"固定型思维"到"成长型思维"／ 211
4. 从"风险厌恶"到"拥抱不确定性"／ 215

第 16 章　都说阅读文献很重要，到底该怎样读文献？／ 219

1. 内容＋方法：我是怎样阅读期刊论文的／ 220
2. 次序×方法：我是怎样阅读学术专著的／ 223
3. 发现值得读的文献比"怎样读文献"更重要／ 226
4. 不以成果产出为目的的文献阅读都是耍流氓／ 230

第 17 章　都说问题意识很重要，怎样找准研究议题？／ 233

1. "冒昧问一句，大作的学术增量在哪里？"／ 234
2. 问题意识、学术增量与研究价值的关系／ 235

3. 怎样把问题意识落实在研究议题里　/　238

4. 怎样把学术增量体现在科研成果中　/　242

第 18 章　都说跟随趋势很重要，怎样捕捉学术热点？　/　246

1. "点线面体"思维模型，足以让我对趋势心存敬畏　/　247

2. 做个产品经理，和"用户需要"站在一起　/　251

3. 善用文献数据库检索，通过"后视镜"把握当下　/　253

4. 关注顶刊和转载期刊以及重要科研项目申报指南　/　257

第 19 章　面对千头万绪的日常工作，哪有时间做科研？　/　260

1. 在每个可以步行的时刻，我基本是用跑的　/　261

2. 把精力投放在能带来"指数增长"的工作上　/　264

3. 处理好并联与串联、主观与客观的关系　/　269

4. 获得"掌控感"比所谓的时间管理更重要　/　273

第 20 章　面对纷至沓来的工作任务，怎样去执行？　/　276

1. "执行三件套"："今天宣言"、甘特图与计划表　/　277

2. 把忙碌方式从"内卷模式"切换为"内驱模式"　/　282

3. 成为卓有成效的科研人的 4 项自我修炼　/　285

4. 别用战术上的自律掩盖战略上的"躺平"　/　290

第 21 章　如何开启飞轮效应，成就你一生的志业？　/　294

1. 上帝视角，拥有跳出科研看科研的全局观　/　295

2. 系统思维，打造专属于你的成功模型　/　297

3. 以终为始，从结果倒推回来配置现有资源　/　301

4. 来自马斯克的启示：梦想、责任、算法以及"去做"　/　303

后记　/　308

Z1
接受现实：别为你的起点哭泣

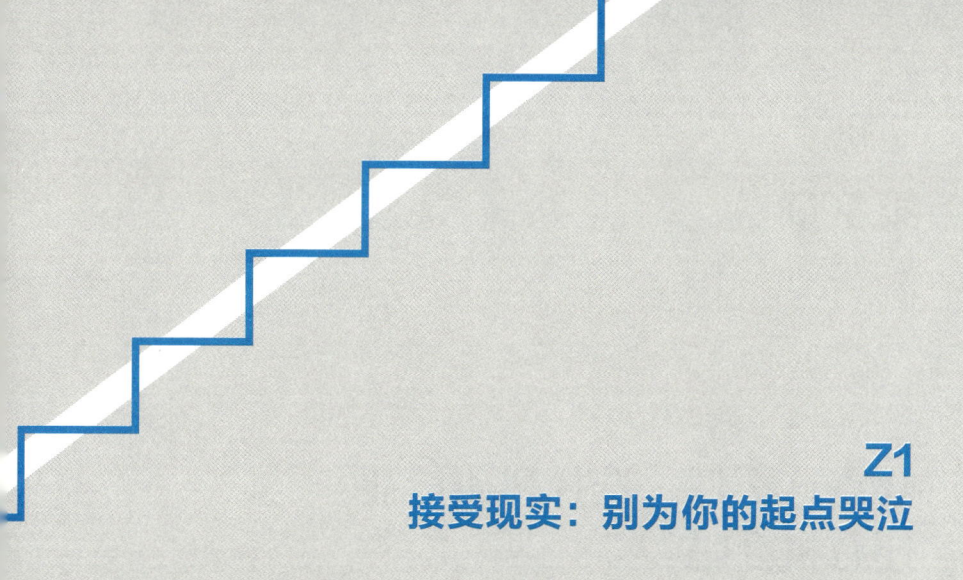

> 我们常把自己视野的边界当成是世界的边界。
> ——叔本华，德国哲学家

  这里的起点，自然是指我们是以怎样的起点进入科研行业的。起点重要吗？当然重要。但是起点有一个根本性的约束条件，那就是，它是不可选择的。好在还有一句谚语，英雄莫问出处。所以，作为科研人，我们入行的起点，尤其是对于那些和我相似、入行起点不够高的人而言，接受不可选择的现实，是一种能力，更是一种觉悟。公允地讲，如果我在当年入行的那一刻就接受自己可以"抠出一室三厅"的起点，在后来的学术成长过程中就不会遭遇那么多的内在阻力，现在的成就也会是另一番景象。

  为了帮你避坑，请先记住一点：接受现实，别为你的起点哭泣。我们不能选择自己的出身，注定要从这里出发，开始你的学术成长旅程。真正决定你能取得多大成就的，是你的选择，而不是你的起点。你看过的每一本书、听过的每一场讲座、参加的每一次学术会议、认识的每一位学界同行，以及你孤军奋战的每一个清晨或夜晚，都决定着你未来的高度。

Chapter 1

第1章

起点这么低，选择科研行业还有机会吗？

与其纠结起点是高还是低，不妨换个角度来看这个问题。如果你入职科研行业而没有取得什么成就，那肯定不是"起点"造成的。事实上，在任何一个行业取得成就的机会，都不是被"起点"锁定的。否则，朱元璋就不可能成为明朝的开国皇帝，洛克菲勒就不可能成为"石油大王"，加缪就不可能获得诺贝尔文学奖。说来惭愧，我是以一个四线城市民族师范学院的本科学历，在另一个四线城市中专学校工作了6年，然后带着助教职称跨进科研行业的——我所在的学校被整体并入当地的本科学院，于是我就来到和这所学校一墙之隔的本科学院，开启了自己的学术成长之旅。你瞧，我的起点够低了吧？

1. 低学历走上大学讲台的 3 点好处

坦率地讲，我也不是从一开始就如此正能量，信心满满，斗志昂扬，坚信自己能以这样的起点，在这个行业站稳脚跟的。事实上，认知会极大限制一个人的视野，让他低估自己未来发展的潜力。对于像我这种完全被动地进入科研行业的人来讲，尤其如此。是的，我之所以能摇身一变当上大学老师，只是因为我所在的中专学校被整体并入一所本科学院而已。也正因为如此，我当年也真是丈二和尚摸不着头脑，如梦似幻地走上了大学的讲台。

现在回想起来，起点卑微，入行被动，不见得都是坏事。就拿我这样一个只有本科学历、助教职称的中专教师走上大学讲台这件事来讲，其实它的好处也是显而易见的——它会倒逼你走出舒适区，从而获得学术成长。希望下面的几点反思，对你重新审视"机会问题"有所启发。

你会珍惜这个讲台，倒逼自己提升学历，做出改变

是的，第一次走上大学讲台的情景依然历历在目。紧张也好，激动也罢，那是我生命中为数不多的，做了极为充分的准备也依然发抖的时刻之一。按说彼时的我已经教书育人整整 6 个年头，就算不是身经百战、游刃有余，好歹也算轻车熟路。然而内心深处对于"大学"的敬畏，还是让自己受到很大的惊吓。"哇，这可是大学的课堂啊……""我这可是在给本科生上课啊……"而

当你的内心不断涌起这样的声音，一个肉眼可见的好处就是你的确会非常珍惜这难得的机会。

于是，就是在那个时候，在大学毕业参加工作 7 年之后，在来到这所本科学院 1 年之后，我慢慢地翻开了考研辅导资料，购买了指定参考书，备考高校教师在职硕士。是的，没有人喜欢应试教育，而能躺着就不坐着，能坐着就不站着，也是无数人行动的"宗旨"。让我做出备考决定的，单纯就是一点：我得在大学讲台上站稳脚跟。

其实用脚趾头都能想出来，学校是不会容忍我这种本科学历的人给本科生上课太长时间的，尤其是当我发现自己身边的年轻同事清一色是研究生学历，还有几位年长一些的同事正在攻读硕士学位之后。

而一旦这个提升学历的"目标开关"被打开，起点就开始变得不重要了。关于提升学历的问题，我们会在后面展开谈。

你会认真备课教学，倒逼自己学习知识，提高技能

当我走上大学讲台，尤其是当我听到了零星响起的掌声，以及顺利完成一门课程的全部教学任务之后，我特别想对学生说一句话：你们不知道我为了讲好这门课程，付出了多少努力。你可能觉得这样说太矫情了，我也有点奇怪自己当年的感觉，不过回想当年，还原现场，这种感觉千真万确。怎么说呢，那也真是一段"激情燃烧的岁月"，我可以为一个教学案例，跑到学校图书馆的电子阅览室去查资料、做笔记。

好了，如果说我入行科研工作以来成长最快的是哪个阶段，我会毫不犹豫地回答，就是这个阶段——从走上大学讲台，到获得博士学位的这个阶段。我是 2003 年初进入高校，走上大学讲

台，然后在 2012 年 7 月拿到博士学位的。满打满算，这 10 年是我狂飙突进的 10 年，我在这 10 年间从教学到科研，不断更新技能、增长见识、迭代认知。而这一切的起点，是认真准备好每一堂课。

教学是一场"无限游戏"，你永远不敢说"我已经准备好了"。而恰恰是因为这一点，我获得了持续学习的能力和不断成长的机会。只有本科学历的我为了教好本科生，需要不断更新自己的知识储备，关注学科前沿动态，而这本身就在把我往关注科研的方向推。同时，为了维护自己"虽然只是本科学历但依然很能打"的"面子工程"，我会经常反思和总结自己的教学实践，从而不断提升自己的教学水平和教育理念。

你的脸皮会变厚，而这是科研人的"基本功"

其实提升学历、提高技能都是后面的事情，有个循序渐进的过程，急不得。那个阶段肉眼可见的、最明显的改变是——我的脸皮变厚了。这一点很好理解，在拿到硕士学位（后来是博士学位）之前的漫长岁月里，我只能接受自己只有本科学历的现实。那怎么办呢？我就只能动用"只要自己不尴尬，尴尬的就是别人"的精神胜利法，假装自己毫不在乎。于是，我一不小心就获得了练习"没皮没脸"这项科研行业重要基本功的机会，并且一发不可收。

"脸皮厚"对科研人的好处在于：你会不怕自己的浅薄而在学术会议上向大佬请教，然后到了茶歇的时候也能凑上去尬聊；你会不怕被拒绝而鼓起勇气去咨询那位高不可攀的大佬明年是否还有招生名额，疯狂表达自己想成为他的博士生的期待；你会把自己惨不忍睹的项目申请书发给同行请他们提意见、给建议，丝毫不遮掩自己想要获批某个项目的渴望……而每次你不顾颜面往前冲的时候，你都在收获机会、获得成长。在你"厚颜无耻"的努力之下，那堵墙才变成了一道门。

一句话，你的"厚脸皮"正在为你开疆拓土、大杀四方。此后人生，遇山开山，遇水架桥。

2. 低职称给本科生上课的 4 大爽点

刚走上大学讲台的时候，我的职称只是个助教，而且是之前那所中专学校的助教。等我来到这所地方本科学院，过了两年才凑够条件，评上了讲师。虽然我有点"卖惨"（也是事实），但请不要为我这样的起点感到难过，只有本科学历的中专助教给本科生上课的爽点，是拥有博士学位的教授、副教授们根本无法体会的。如图 1-1 所示，以这么低的起点来给本科生上课，也是有"爽点"的。

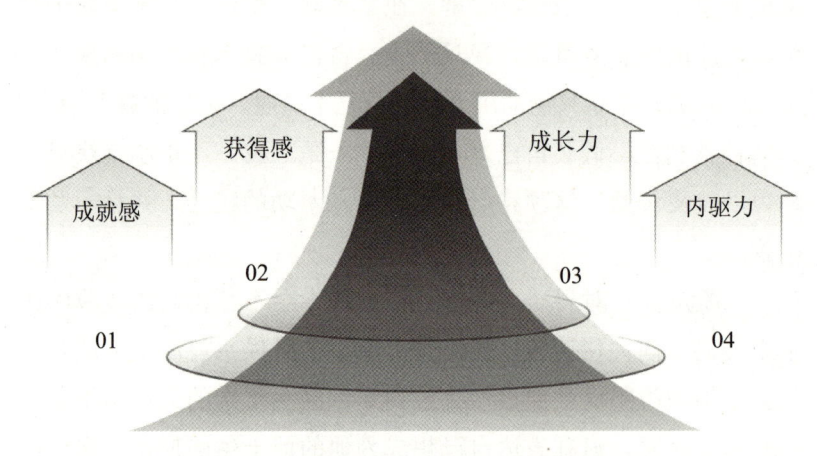

图 1-1　低职称教师给本科生上课的爽点

你会有满满的成就感，虚荣心得到极大满足

那个时候，无论是迎着朝霞还是顶着大雨，只要走进教学楼、进入教室，我的内心都是欢呼雀跃的，"哇哦，我这可是在给本科生上课呀！"我甚至能体会股神巴菲特为什么会"跳着踢踏舞去上班"，对呀，确实爽嘛。我时常会沾沾自喜，想我老踏何德何能，居然会以本科生的水平和助教的身份来教导你们这些本科生。这么说吧，我打个车出门，当司机师傅知道我是我们当地唯一的本科学院的老师之后，都会说："哇哦！你这么年轻就是大学教授啊，是不是得博士才能给学生上课啊，你这一个月得开好几万吧？"每当这个时候，我就只能很有风度地保持微笑了。对，咱是"教授"，咱是"博士"，这社会声望显著提升。

你会获得"哇哦"时刻，教学能力显著提升

在课堂讨论和课下交流的时候，作为本科学历+助教的我，经常能从学生那里收获"哇哦，原来还能这么想""天啊，居然可以这样看"的惊喜（有的时候是惊吓）。本科生是充满活力、好奇心和求知欲的，而他们总的知识储备量也的确大得惊人，让我不得不对他们刮目相看。他们的观点和提问常常令我耳目一新，很自然地，所有这些也会让我在课堂上面对更大的压力，课堂教学（尤其是课堂讨论环节）每每成为一场充满未知的冒险之旅。必须承认，这种经历让我对大学课堂教学工作充满敬畏，倒逼着我尽量做好充分的准备才敢走上讲台。于是，我的学术视野变得开阔，思维方式快速迭代，认知水平也在不断提升。而且我逐渐形成的那种"一惊一乍""人来疯"式的教学风格，也和这个阶段的课堂历练密不可分。

你会和学生一起成长，你比学生收获得更多

也许你不相信还有什么本科生会愿意和老师交流思想、展开讨论，然而当时的情况就是如此。要知道，那可是20年前的本科生，那时候的我是清楚知道自己家对门、楼上楼下住的什么人的，张阿姨、李大爷、王姐和小赵师傅，见面也都是要打打招呼，聊聊天气和物价的。而之所以学生在课上和课下和我交流比较多，可能的原因，一是那时的我和他们年纪比较接近，没有太大的代沟；二是我这个人讲课比较幽默，有点受欢迎（比如我写这本书的这个暑假之前的学期，我给本科生讲西方管理思想史，一共24次课，其中只有三次课在我说"下课"的时候没有听到掌声，其他的21次课差别只是掌声热烈与否）；三是我比较随和（本科学历的助教也确实没啥底气不随和）。另外，学生们看我年轻，也知道我只是个新来的本科学历的助教（最初几年，我都会在第一次上课的时候作出说明），不把我放在眼里也是有可能的。如此一来，在这个教学相长的系统中，我反倒成了最大的受益者。

你会获得使命感和意义感，内驱力得以激活

请允许我在这里唱唱高调。作为广大青年群体中的一员，大学生代表着祖国的未来、民族的希望。他们的成长和进步，对于我们整个国家的命运和民族的发展都有着非常重要的意义。我能投身于这项大学生培养的伟大事业之中，参与到这个敦促大学生成长进步的神圣进程之中，为塑造他们灵魂而贡献自己的力量，是一件多么令人欢呼雀跃的事情。有研究表明，找到一种比自己生命尺度大得多的伟大事业并投身其中，是超越个体生命之虚无、获得人生意义的关键。走上大学讲台，给本科生上课，恰恰

就是这样一种被赋予崇高使命、具有非凡意义的伟大事业。其实那时的工作强度是非常大的，全校两万多名本科生都是我们的学生，一周授课20学时是家常便饭，我个人破纪录的一周，授课达到了32学时。然而对比现在，反倒是那个时候的自己更具热情和活力，自带"打鸡血"气质。那是一段"激情燃烧的岁月"，也正是在这种使命感和意义感的召唤之下，我的教学能力快速提高，也开始为着提升学历、做好科研而进行一种长期主义的努力。

3. 英雄莫问出处，以什么"身段"入行不重要

在前面两部分的内容里，我尝试以教学工作为例来说明起点低并不会成为阻碍我们取得职业成就的首要因素。而我之所以要以教学工作为例，是因为我在进入高校的初始阶段，并未意识到科研工作对于职业发展的重要性，甚至都不知道还有"科研"这回事——是的，我就是如此的后知后觉。重点在于无论是教学还是科研，"英雄莫问出处"，起点对职业成就没有决定性影响的道理都是适用的。

举几个我身边的例子吧。

我的博士后合作导师，曾经在民族地区的地质队当钻井工人，每天开升降机、起钻，一两个星期就要搬一次家，还要自己建塔。后来赶上恢复高考的机会，在工友们的劝说之下，他一边工作一边复习备考，有幸考取了省属师范大学。是的，我的合作导师就是从这样的起点，逐渐成长为所在学科的国内第一位"长江学者"的。

我的一位博士师兄，在本科毕业之后去了这所大学的附属学

校做了十多年的教师，之后才奋起直追，从考取硕士研究生、攻读博士学位、出国访学、留校任教、进站做博士后研究，一路"开挂"，现在也入选国家高层次人才特聘教授、教育部"新世纪优秀人才"了。

还有一个本科阶段"睡在我下铺的兄弟"，他比我晚两届入学，我们都是从四线城市地方民族师范学院毕业的。现在，他在西部某"985"高校的某区域问题研究所担任所长职务，早早入选国家高层次人才，成为国内外该研究领域屈指可数的权威专家之一。

跳出自己的小圈子，古今中外，这种"英雄莫问出处"的例子就更多了。刘擎曾经是我国西部某城市化工厂里的技术工人，现在是我国著名的政治哲学学者和思想家；赵鼎新是生物学系毕业的理学学士，昆虫生态学的硕士和博士，后来成了享誉国内外的社会学领域知名学者；颜宁是中美两国多家院士头衔加身的顶级科学家，出生在山东济南一家国营汽车修配厂的双职工家庭；数学家华罗庚只有初中学历，父亲是个小杂货铺的店主，母亲则是个家庭妇女。放眼国外，"交流电之父"迈克尔·法拉第由于家境贫寒，只上过两年小学；天文气候学的奠基人，詹姆斯·克罗尔直到38岁当上斯特拉斯克莱德大学的门卫之后，才真正站在了科学研究的门口……

上面这份名单还可以拉得更长，但显然没有必要再这么做了。我想说的是，那种天赋异禀、才华横溢、家境优渥而又生逢其时的大学者、大科学家毕竟只是极少数，更多一如你我这般天资平平、起点低（抱歉为了说明这个道理把你也拉低到了我这个水平）的人，如今也都成为科研行业各个学科专业研究领域里的中流砥柱。

所以，起点真的那么重要吗？当你一再强调自己起点低的时候，有没有一种可能，你是在给自己找借口？"甩锅"总是容易的，而当你真的这么做了，本质上就是在逃避自己的责任——毕竟找个安慰自己的理由，比苦苦奋斗容易得多。因此，以什么"身段"入行其实并不重要，与其纠结起点的高低，不如放眼未来，放手一搏，看看自己能取得怎样的成就。

4. 机会是在你认为自己没机会的时候错过的

关于如何看待机会的问题，我想到一则在非洲卖鞋的故事。现在让我简单复述一下这个故事——它的来源及真实性已不可考，但这个故事蕴含的道理却非常"硬核"。话说甲、乙两家制鞋公司派人去非洲进行市场调研，看看能否开拓非洲市场。然后，这两个公司派去的市场调研人员看到了同样的事实，却得出截然相反的结论：甲公司的人说非洲没有人穿鞋，这生意根本就不要想了，没法做；乙公司的人说非洲没有人穿鞋，天啊！这得是多大的一个市场，赶紧做起来！后面的事我们就都能猜到了，甲公司因为没能意识到这个机会而错失非洲市场，乙公司则因为把握住这个机会而开拓了非洲市场，翻开了公司事业发展的新篇章。

这个故事告诉我们，一个人是无法取得自己认知边界之外的成功的。而它的底层逻辑在于，机会并不是客观的，更多是一种基于客观事实的主观判断。回到我们这里的讨论，起点低是不是就意味着没有机会选择科研行业了呢？我的回答是：起点低也许是个客观事实，也许只是一种主观判断（见图1-2）。而是否有机会，则只是一种主观判断。

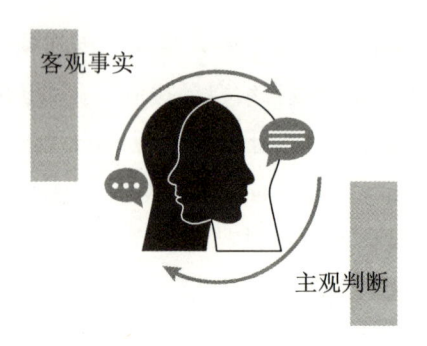

图 1-2 "起点低"是客观事实还是主观判断？

一方面，如果你所谓的"起点低"是和当年的我一样，以本科学历的助教身份入行地方本科院校，那么这里关于起点低的判断，算是一个客观事实。好了，既然是客观事实，那是不是就没有机会了呢？显然不是。你看我，不也获得博士学位（2012年）、教授职称（2015年），当上博士生导师（2019年）了吗？而我和身边同样工作在这所四方共建全国重点高校的同事们相比，已经没有任何落差，甚至我还入选了学校的学术委员会委员。

你可能会反驳我说"孤证不立"。那行，抛开我这"孤证"不说，单说这种起点低，其实从绝对意义上看也并没有低多少。想想看，既然你能进入这个行业，就证明你已经达到这个行业的准入门槛。你能进清华大学、北京大学任教，说明你达到了这两所高校的准入条件；你能去四线城市的地方学院任教，也说明你达到了这所地方学院的准入条件；至于说你去了某个科研院所，道理也是同样的。因此，我们完全没必要顾影自怜，说什么自己"起点低"。更何况，就算起点低，也还有着我在前面以教学工作为例所列举的那么多好处呢，这里其实也潜藏着很多的机会。

另一方面，如果你所谓的"起点低"是从个人禀性、家庭出身、人生际遇等角度来谈的，那对不起，这很可能只是一种易得性偏误或幸存者偏差。也就是说，这里的起点低只是你自己以为的，是一种主观判断。其实客观地讲，你很有可能达到了同事中的平均水平，甚至你在某些方面还有比较优势。只不过你总是在和行业里的牛人大咖看齐，所以自惭形秽。

说到比较优势，值得我稍稍解释一下。作为海归博士的他就一定比作为本土博士的你更有优势吗？不一定。如果你们入职科研机构的评价体系是看中文期刊上的学术发表以及获批立项国内各级各类科研项目的情况，那么他很可能就不是你的对手。原因很简单：你了解国内科研生态，熟悉规则；他则面临一个艰难的本土化适应和科研转型过程。同样地，本硕博连读然后博士毕业入职高校的他，就一定比在高中当了十年教师才考取博士，然后毕业入职高校的你更有优势吗？也不一定。你是社会人，人际关系协调处理能力强，教学水平过硬，为人谦和低调，他呢，弄不好还是个理想主义者，现实工作中会处处碰壁，需要慢慢历练。

李笑来说我们生活在互为镜像的世界，其实是有道理的。因为面对同样的客观事实，人们基于彼此的认知差异会做出完全不同的判断。股市大跌，有的人割肉离场，有的人加仓持有；天降大雨，有的人欣喜若狂，有的人怅然若失。关于起点，关于机会，你的判断很可能不是基于客观情况，而是基于你的主观认知。进而，你的判断会影响你的选择。

说到底，什么时候"起点低"会成为阻碍你取得科研成就的掣肘？当你认定这一点的时候，它才是。你不是被"起点低"束缚住手脚的，你是被"我觉得自己起点低"的认知束缚住了手脚。

Z2
外部突围的进阶路线图

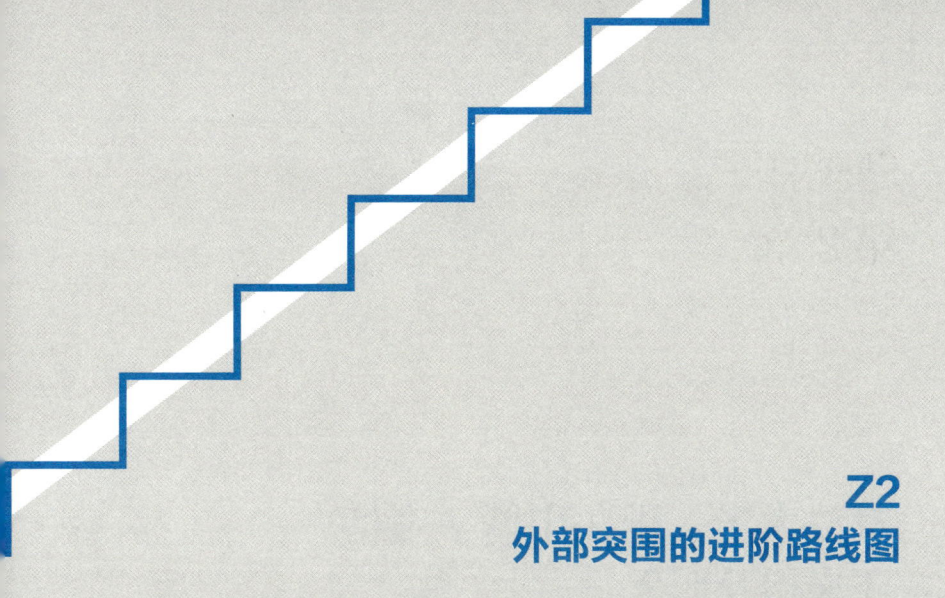

在成功人士身上能看到的最常见特征就是对完成任务的痴迷。
——卡尔·纽波特，畅销书《深度工作》作者

我们可以把科研工作视为一场无限游戏。我们每位科研人都在自己生命的某个时段投身其中，又在某个时刻离它而去。同样地，提升科研力也是一条无尽长路，这是确保我们不断取得科研成果的必要条件。好在，在这条看不到尽头的提升科研力的漫漫长路上，总是有一些外部的、阶段性的任务在等着我们去完成，以此作为提升科研力的一个又一个里程碑。这些任务包括但不限于获得博士学位、入职科研机构、晋升教授职称、带好科研团队、发表学术论文、获批科研项目……

也许这些任务让你望而却步，瑞·达利欧却对此不以为然。他认为完成任务并不难，人人都能达到目标。只需要 5 步：一是设定目标；二是发现通向目标的障碍；三是诊断问题的所在并制订计划；四是列出解决问题的任务清单；五是坚决执行任务。接下来就是重复这 5 个步骤，反复迭代。这里的重点在于，必须分步执行，每一步都是独立的。设定目标就是设定目标，不要想能不能完成；诊断问题就是诊断问题，不要想如何解决；以此类推。只要我们不断重复前面的 5 个步骤，无论是多么高远的目标，迟早都能完成。

Chapter 2
第 2 章

岁数大了,现在申博 / 考博还来得及吗?

必须承认,科研行业是有准入门槛的。其中之一是:你至少要拥有硕士学位,最好是博士学位。虽然拥有硕士或博士学位并不一定保证你能做好科研工作,但好歹你有了进入这个行业的机会。我当年的情况比较特殊,本来是想着在那所中专校度过我的整个职业生涯,结果命运的齿轮开始转动,我来到了一墙之隔的本科学院,进入马克思主义学院成了一名大学老师。关于我是怎么考上高校教师在职硕士以及获得学位的,这里就不再赘述了,我们直接说更具普遍性也更为重要的问题——申博 / 考博。

1. 如果大龄考博，你会拥有 4 个优势

当我得知只要取得硕士学位而不管有没有相应的学历，都可以报考博士的时候（我读的是高校教师在职硕士，通过答辩之后只发专业硕士学位证书，没有学历证书），一个新世界的大门在我眼前徐徐打开：原来，我是有机会考博的。而当我意识到这个问题的时候，我马上就要 33 岁了。我当时吧，内心那真是百感交集，百思不得其解。放弃的话肯定不甘心，毕竟明摆着还有提升学历的机会；努力的话也是真头大，毕竟已经这么大的岁数了，体力、精力、记忆力都在走下坡路，理性分析，考博的胜算并不大。

我就这么瞻前顾后、左右为难地空耗了好久，最终还是决定放手一搏：既然符合报考条件，又没有年龄限制，如果不去试试，就永远不会放下——那就去试试。聪明的我还给自己设置了一个"止损点"：连续考博 5 年，考上了，得之我幸；考不上，不得是命。然后，我就带着几分悲壮、几分昂扬，踏上了自己的考博之路。我是幸运的，在我考博的第二年，也就是第三次参加攻读博士学位入学考试之后的那年初夏，终于在单位的收发室拿到了我的博士录取通知书。

好吧，我是在 34 岁考上的博士，然后在 3 年之后的 37 岁博士毕业。那么问题来了，这么大的岁数考博读博，究竟会有哪些优势呢？如图 2-1 所示，我把这些优势总结为 4 点。

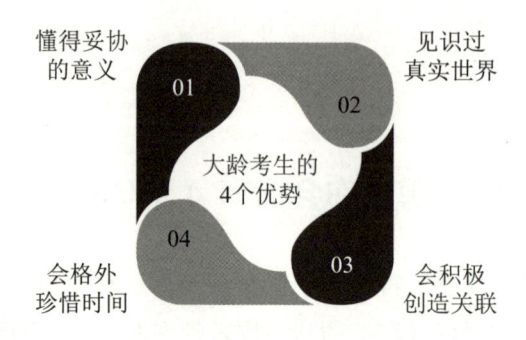

图 2-1 大龄考生的 4 个优势

- 01 懂得妥协的意义
- 02 见识过真实世界
- 03 会积极创造关联
- 04 会格外珍惜时间

你懂得妥协的意义，只在出错概率最小的道路上前进

电影《阿甘正传》里有一句经典台词："人生就像一盒巧克力，你永远不知道下一块会是什么味道。"必须承认，自从看过这部电影，这句台词就深深地植入我的内心，成为我理解人生机缘的基础设定。既然命运带我进入高校，而这个行业要求我提升学历，那我就去提升。而怎样提升呢？我会选择一条看上去不那么陡峭的路。比如，我的外语语种是俄语，就不会去选择那些只招收英语语种考生的学校或专业；我一直生活在北方，比较适应北方的环境，就不会选择南方的高校；至于说选择高校而不选择社科院或党校，也是因为我自己就是高校教师。这种"兔子只吃窝边草"的算计看似保守，却是当时的我能做出的出错概率最小的选择。另外，这种妥协也只是战术层面的妥协，从战略层面来看，我其实还是非常激进的——后来我成了自己所在学院第一个考取博士的教师。

你见识过真实世界，明白考博重要但也只是阶段性目标

是的，考博时的我 33 岁，从大学毕业参加工作算起，已经在

真实世界里摸爬滚打整整 10 个年头了。这 10 年的工作经历，足以让我从不谙世事的毛头小子蜕变成适应良好的"社会人"，哪怕我所工作的单位也是一所学校。屁股决定脑袋，身份决定立场，来自真实世界的种种历练让我既能全力以赴、心无旁骛，也能不被考博目标所裹挟，明白这终究只是一个阶段性的目标，就算考不上，天也不会塌下来，生活总在继续。

多年以后，我读到了里尔克的诗（见图 2-2），心有戚戚焉："我们必须全力以赴，同时又不抱任何希望。不管做什么事，都要当它是全世界最重要的一件事，但同时又知道，这件事根本无关紧要。"我在想，我们只有在追求重要目标的同时拥有随时跳脱出来、鸟瞰全局的能力，才能不被目标反噬。因此获得的从容和定力，反而有助于我们实现目标。

图 2-2 "我们必须全力以赴，同时又不抱任何希望"

你会格外珍惜时间，并且拥有进行任务管理的能力

俄罗斯有句谚语叫"Время не ждёт"，翻译过来是"时不我待"。这句谚语精准定义了我备考阶段的状态，成为我那时的座右铭。现在，就在我写这段文字的时候，这句话就在我耳边萦绕，

挥之不去——天啊，我已经33岁，就要来不及了啊……这种紧迫感和压力是真真切切、结结实实的。好消息是，在备考阶段，我的学习效率确实非常高，可比现在我写这本书的效率高多了。究其原因，很可能是我非常清楚每天留给备考复习的时间少得可怜，因此在绝对时间无法增加的情况下，唯一的努力方向就是提高单位时间利用效率。碎片时间当然可以背上几个单词，翻上几页专业参考书，但这种小打小闹对考博这项系统工程、复杂任务来讲杯水车薪，因此"集中精力办大事"也成为我的不二选择。关于怎样利用时间和进行任务管理的问题，也构成科研力"内核修炼"的重要组成部分，相关内容将在本书第19章和第20章详细介绍。

你会积极创造关联，并且拥有建立人际互信的能力

前面说过，10年的工作经历让我成为一个"社会人"。就算我天资愚钝、性格内向，好歹也结结实实地在学校工作了整整10年。在此期间，我分别在教学、服务、管理和行政岗位干过，在讲好思想政治理论课的同时，我管理过学生宿舍的卫生和纪律，给学生会社团组织提供过指导和服务，去本市各县区的中学和兄弟盟市的县区中学开展过招生宣传工作，对接过企业的校招和学生的就业工作，和领导、同事、学生以及家长都有广泛的交往，虽然这一路走来也是磕磕绊绊的，但总算是有了一些阅历。由此，33岁的我既深刻懂得人际交往的重要性，也逐渐掌握了一套基于诚信、平等、尊重、理解等原则来维护关系、建立信任的方法。这就让我在和未来有可能成为我的导师的"重要人物"进行交流的时候，会给对方留下一个好印象。事实上，哪怕是那位没能录取我做他学生的老师，在多年后的一次学术会议的间歇，也一再

表达了他对我的好感。

以上我所谈的 33 岁考博的优势，其实对于读博而言，也是一样。这些优势会被你带入读博的整个阶段，持续发挥它们的价值。

2. 申请 – 考核制与社会招考，分别看重哪些指标？

想要攻读博士学位，除了"本科直博"和"硕博连读"之外，获得攻读博士学位资格的主要方式（也就是申博/考博成功了）有两种，一种是申请 – 考核制（简称申博），一种是社会招考（简称考博）。鉴于"本科直博"和"硕博连读"的名额比较少、占比非常小，这里不做讨论。我们重点说一下申博和考博，也就是申请 – 考核制与社会招考的流程以及各自看重的指标。另外，具体学校、学科和报考专业的情况可能会有所差异，我们这里只从共性、通约的角度做一般性的讨论。

申请 – 考核制的基本流程与考核指标

这是目前大多数招生单位所采用的方式。虽然我当年是通过社会招考的方式获得攻读博士学位资格的，但是从我自己 2019 年成为博士生导师以来，已陆续招收了两位以申请 – 考核制录取的学生，因此对于申请 – 考核制的流程与这种方式所看重的指标，我也可以简单谈谈，供你参考。

申请 – 考核制的基本流程（见图 2-3）是：申请者提交申请材料→招生单位组织专家对申请材料进行筛选，确定面试入围名单→招生单位组织面试，由面试评委对申请者的面试情况进行综合评估→确定录取名单。

```
01 提交申请材料
02 招生单位对申请材料进行筛选,确定面试入围名单
03 招生单位组织面试,对申请者的面试情况进行综合评估
04 确定录取名单
```

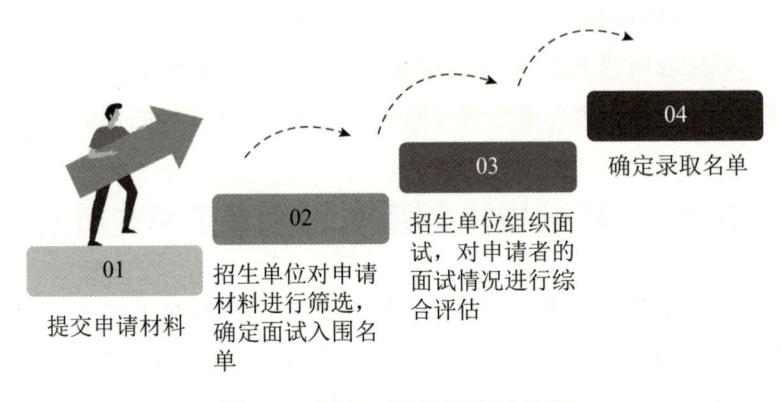

图 2-3　申请‐考核制的基本流程

根据我的观察,申请‐考核制所看重的考核指标主要有如下方面。第一,学术成果与科研潜力。通过申请者提交的科研成果(如学术论文)和以往的研究经历(如参与的科研项目),评估其科研能力和培养潜力。第二,外语水平与外文文献的检索阅读能力。完全不在乎申请者的外语水平(尤其是英语水平)的招生单位是罕见的,至于这种做法是对是错,我们不在这里讨论。再有,外文文献的检索阅读能力对于绝大多数专业而言,也是刚需。因此,这种能力也是招生单位重点考核的内容。第三,专家推荐与专家评价。一般需要申请者提供两封专家推荐信,其中的一封推荐信要来自申请者的导师。推荐信里的专家评价,往往能为招生单位了解申请者的思想道德状况、理论水平、专业素养和科研能力提供参考。第四,综合素质。申请者的团队协作能力、沟通表达能力、意志力、学习力、创造力以及心理健康水平等,也是重要的考核指标。

社会招考的基本流程与考核指标

整体上看,社会招考基本是作为申请‐考核制的一种必要补

充而存在的。顾名思义，社会招考就是面向社会，用考试的方式来对考生进行选拔，然后根据考试（一般分为笔试和面试）成绩的排名情况来确定录取对象。

社会招考的基本流程（见图 2-4）是：考生报名→参加笔试/面试（初试/复试）→公布成绩→按综合成绩的排名确定录取名单。

这里需要说明的是，报考资格的审查工作一般在面试环节开始之前进行，通过报考资格审查的考生才能进入面试环节。而关于笔试和面试，有的招生单位是统一组织全部考生参加，先笔试、后面试；有的则是将考试分为初试和复试两个环节，初试是笔试，然后根据初试成绩进行排名，选出两到三倍于录取名额的考生进入复试（复试形式主要是面试，也有招生单位选择笔试+面试）环节。比如，某个专业计划录取 6 人，则选出 12 人（2∶1）或 18 人（3∶1）参加复试。

04 按综合成绩的排名确定录取名单
03 公布成绩
02 参加笔试/面试（初试/复试）
01 考生报名

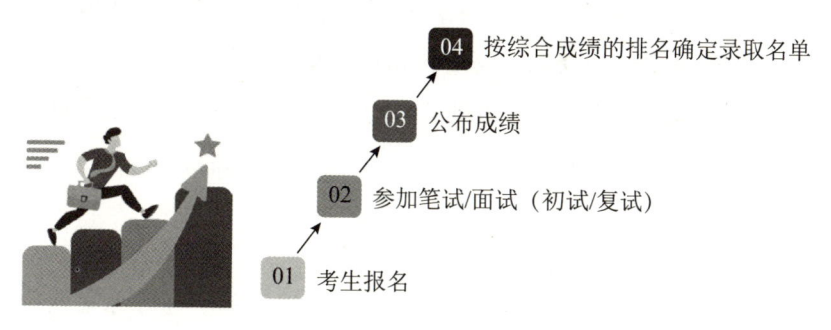

图 2-4　社会招考的基本流程

根据个人经验，社会招考所看重的考核指标主要有如下几个方面：第一，基础知识与专业能力。这是笔试重点考核的内容。通过试卷的卷面分数来考查申请者的基础知识和专业能力，掌握考生是否具备攻读博士学位所需的基本知识理论和专业素养。第二，运用专业知识分析解决问题的能力。笔试的试卷里一般会有半开放式的题目来重点考查考生这方面的能力。同时，面试环节也有相应的题目设置和考查环节。第三，综合素质。这一点和申请-考核制所考核的内容是一致的，此处不再赘述。

从上文可以发现，申请-考核制与社会招考的流程和考核侧重点是有所不同的。前者更具灵活性，所录取的学生和招生单位的学科专业、研究领域的匹配度更高；后者更具统一性，便于操作，但考核标准相对单一，所录取的学生和招生单位学科专业、研究领域的匹配度不一定非常高。两种方式各有优劣，对于需要申博/考博的我们而言，需要根据个人实际情况来选择适合自己的方式。

3. 申博/考博很简单，但要忘记应试教育那一套

了解完申博/考博的基本流程和它们分别看重的考核指标之后，我们再来专门聊聊怎样看待申博/考博这个事情。总的原则我已经放在这一部分的标题里了，那就是——申博/考博很简单，但要忘记应试教育那一套。

申博/考博是个"简单问题"

先来说说为什么我会认为申博/考博很简单。也许你早就看不下去了，你会说："老踏，你不能这样啊，这不是站着说话不腰疼吗？申博/考博是很难的好不好？"好的，我明白你的意思，其实这里有个误解：我这里所说的很简单，是说无论申博还是考博，它们都属于"简单问题"，而不是"复杂问题"。

前些年，有一本叫《清单革命》的书在国内卖得非常好，书的副标题是"如何持续、正确、安全地把事情做好"，作者是阿

图·葛文德。作者在书中指出，可以把我们在这世界上遇到的问题分为3类，分别是简单问题、复杂问题和极端复杂问题。所谓简单问题，就是那些有明确的解决方法和流程，问题边界非常清晰的问题。比如，我们要烤一个蛋糕，按照食谱一步步操作就不会出错，成功与否也一目了然，容易判断。所谓复杂问题，就是没有明确的解决方法和流程，问题边界比较模糊的问题。比如，要想完成大企业之间的收购或并购，专业性很强，技术比较复杂，没有太多可供参考的流程和步骤，而且最终结果也不容易判断，要经过很长的时间才会看到最终结果，此外，判断的标准不同，得出的结论也不同。而所谓极端复杂问题，顾名思义，那就是比复杂问题更加复杂的问题了，比如子女教育的问题。

现在你该知道我为什么说"申博/考博很简单"了。这里的意思是说，这是一个简单问题。无论是申请-考核制还是社会招考，它的流程都十分清晰，各个环节也非常规范，而我们的申博/考博是否成功，结果也一目了然。因此，它不是一个复杂问题，而是一个简单问题。从定性的意义上看，和复杂问题、极端复杂问题相比，申博/考博的确很简单，难度系数并不大。

当然，在我说"申博/考博很简单"的时候，并不是说它很轻松、很容易。相信我，作为"考博季"要和单位请假，辗转多个城市，通过3次社会招考的初试和复试才最终获得攻读博士学位资格的人，我当然知道申博/考博意味着什么。你即将经历和正在经历的，都是我曾经经历的——在艰难程度上，它有点类似于高考（比较而言，社会招考与高考的相似度更高）。唯一要注意的是，千万别把申博/考博视为一种应试教育。

申博/考博要忘记应试教育那一套

为什么申博/考博要忘记应试教育那一套呢？回答这个问题，一句话就够了：因为没有标准答案。随着学历的提升，你一定会注意到一个有趣的现象，那些白纸黑字写在高中课本上的知识点，那些能够决定我们考出多少分数进而决定我们命运的知识点，到了本硕博阶段，居然都是可以讨论甚至可以被推翻的。

申博/考博的时候，当你回答专家提问或书面答题的时候，如果是启动"打印机模式"，把参考书目上的知识点和盘托出的话，对不起，你并不适合攻读博士学位。作为想要攻读"博士"这一最高学位的人，你的任务是拓宽人类知识的边界，可你现在在做什么？你在尝试从人类知识领域所能达成的共识中找到答案，岂不是笑话？！你是要去开疆拓土的战士，不是工厂仓库的保管员。

在准备申博/考博的时候，我们当然要学习基础知识。如果我们申请或报考的招生单位有列出参考书目，也一定要认认真真找来学习。但是这种学习的目的一定不是把自己变成书本知识的移动存储设备和打印机，而是要让这些书本知识变成探索新知、启动思考的跳板。而当专家问你某个专业问题（或者你在卷面上看到某个专业问题）的时候，你一定要明白，他感兴趣的绝不是你的识记能力、复述能力，而是你对这个专业问题的理解能力。这么说吧，如果你用应试教育那一套来复习准备，然后通过复述书本知识的方式获得了攻读博士学位的资格的话，那么你应该担心才对——你很可能被一个"假的"博士培养单位录取了。

4. 当你认定自己来不及的时候才真的来不及

在"岁数大了，现在申博/考博还来得及吗？"这个问题的最后一部分里，我们有必要回到认知层面再做一些讨论。在我看来，什么"岁数大了"啊，"是否来得及"呀，排除极端情况不说，这些问题都不是要对客观事实本身进行判断，而只是一种观点，是基于不同认知水平而形成的观点。这些观点并不反映实际情况，只反映观点持有者的价值观。而只要问出这样的问题，提问者的内心其实就是有答案的，答案就是——对，岁数大了，肯定来不及了。然后，提问者就可以心安理得地放弃追求、释怀梦想、解开心结，殊不知如果自己选择行动，其实是有机会改变未来的。

什么叫岁数大了，什么又是来不及了？是 30 岁叫岁数大、来不及，还是 70 岁叫岁数大、来不及？有新闻报道，一位高速公路的收费员在得知公司将启动 ETC 电子收费系统，80% 的收费员将下岗的时候，面对采访的记者她一筹莫展，说自己没有一技之长，也已经 30 多岁，跟不上时代的潮流，没有学习的能力了，总之就是完全看不到未来的出路。还有一则新闻报道，说上海有一位 70 多岁的阿姨不顾家人反对，买了一架钢琴，请了家教，要从零开始学习弹钢琴。她说弹钢琴一直是自己的梦想，现在，儿子、孙女都不需要她操心了，她终于可以去实现自己的梦想了。

你瞧，岁数大了是事实判断吗？来不及了是事实判断吗？不是的，这只是一种观点、一种主观选择。于是，有的人在 30 多岁的年纪就认命"躺平"，有的人则在 70 多岁的年纪还能追求梦想、实现愿望。他们的差别在哪里？价值观不同。我们真的需要经常反思自己的认知方式和思维模式，让这套内在的、"预装"在我们头脑里的认知系统保持开放与活力。为此，我们可以重装头脑中的操作系统。

在这一章的最后，我再补充一个事实——目前来看，申博/考博是没有一个统一的年龄限制的。所以理论上讲，你永远拥有申博/考博的机会。为什么会这样？要知道博士后的进站申请是有年龄限制的，要求申请者未满35周岁。按我的理解，也正如前文所述，博士是要拓宽人类知识边界的，而只要你能做到这一点，没人在乎你的年龄大小。博士后则不同，它是在规定时间完成一项具体的研究项目的，这个项目并不关心能否突破人类知识的边界（当然能突破就更好），而更关心是否完成研究任务，而这个任务，可以是应用型的、对策型的，也可以是咨政型的、理论型的。

说到底，关于申博/考博这件事情，什么时候真的来不及？当你认定自己来不及的时候。极端情况除外，我们一般不是受制于客观事实的，而只是受制于自己的认知、观点和价值观。

Chapter 3
第 3 章

就算申博/考博成功也不好毕业，费那个劲干啥？

对照前文关于简单问题与复杂问题的介绍可以发现，想要博士毕业，流程十分清晰，各个环节非常规范，结果也一目了然。因此我们应该感到庆幸才对：它是一个简单问题。还是以我为例，我 34 岁考上博士，然后在完成原单位的教学任务和其他事务性工作的同时，也在三年学制的规定期限内如期毕业了。而且我们专业和我同届的 9 个博士生最后也都毕业了，只是其中有两位同学出于个人原因（一位是工作忙，另一位是生孩子）延期毕业而已。因此，我要对那些持"博士不好毕业"观点的人说，这更多是你的"畏难情绪"在作祟，它并不是一个事实判断，更多只是个人观点，而且办法总比困难多。

1. 我是怎样用 9 个月完成博士毕业论文的

很多人认为博士难以毕业的核心原因，是觉得自己无法完成博士论文的写作任务。的确，博士论文的写作工作相当繁重，但这并不等于我们就无计可施，无可奈何。当年我用了 9 个月的时间才完成博士论文的写作，然后在自己的"网易博客"（一个"古老"的电脑端网络日志交互平台，已经下线）账号上分 4 次记录了写作过程。下文主要是对这 4 篇日志的节选和整理，括号内的文字是我整理日志时加上的，希望这些内容对你有所启发。

第一篇日志：博士论文写作第 1~6 周

6 月 20 日（是博士二年级的期末）正式开始写作，转眼 6 个星期过去了。从整体进展来看，绪论和第一章的初稿基本成型。绪论 1.6 万字，第一章 4.8 万字。应该是要写 6 章的，这个写作框架起码在二级目标上不会有什么出入（事实证明被打脸了，最后完成了 5 章）。

绪论和第一章的分量应该至少占到论文的五分之一。绪论要比开题时的架构偷工减料，原因之一是懒，之二是难。懒不必说，这个难，难在文献综述比较麻烦，核心概念界定更是烦琐。于是，当我发现用了整整两个星期却连个绪论都摆不平的时候，就毅然决然地偷工减料了——把原定需要界定的核心概念，从 4 个变成了 1 个。

这样做的考虑是：每个概念都很复杂，想把来龙去脉说清楚是颇费笔墨的事情，而不说清楚这个，我就没有办法给出每个概念的边界。当我把4个概念中的第一个界定清楚之后，突然发现如果按这个思路写下去，这绪论没有3万字是万万拿不下来的。而这样就头重脚轻了。好在，只有已经界定好的这个概念算是论文最重要的总括性概念，其余3个概念放在具体章节里去界定也不碍事。

于是我用3周时间完成了绪论。说来汗颜，在开题报告和一篇强烈相关的、已经发表的论文支撑下，写这个绪论居然会用掉3周，有些鄙视自己了。

之后的3周，我把第一章写出来了。这3周的效率要明显高于写绪论那3周，一个是写着写着有点上手了，找到点感觉；另外的原因是这3周自己也比较踏实，每天（除了周六日）都写作4个小时以上，而且少了写绪论时的畏难情绪和浮躁心理。此外，还有3篇已经发表的论文可以支撑这一章的内容写作，其中有一篇论文几乎直接就等同于这一章的第三节了，因此快了好多。

从这6个星期的时间分配和工作效果来看，头两周基本等于白玩了，说是写绪论，其实基本是在整理文献资料。直到最近这两周我才深刻体会到，手里的文献似乎让你以为足以支撑写作了，可那只是心理上的安慰，是假象。事实上，只有当你脚踏实地，一句话一句话、一个段落一个段落推进时，才真正知道哪些文献是"有效"的。因此更好的方式是写到哪儿憋住了，再去专门针对这个问题检索文献。这样省时省力，直指要害。

身体状况还算可以为继，只是睡眠质量低下，应该是写作的压力导致的；两周之前，腰开始隐隐作痛，挺直时没问题，弯下时酸痛。媳妇分析说我腰间盘突出（……），我宁愿相信只是抱女儿（那时女儿16个月大）时不小心闪了腰。期待好转。还是应该想办法给自己减负才好，别把写作中遇到的麻烦迁移到自己的睡梦中、腰椎里。

计划永远比现实的执行来得超前，以至于我一度认为计划不是用来执行的，而是用来破坏的。总以为自己可以做得很快，可事实证明我一再高估自己的能力，或者是一再低估这篇论文的复杂性。别太逼迫自己。

就想到了这么多，睡觉去。

第二篇日志：博士论文写作第 7~10.5 周

在过去 4 周半的时间里，自己仅仅写出了论文的第二章，3.5 万字。原计划是两周之内拿下来的，可外出游玩及同学来访耽误了一周，之后女儿感冒并出现反复，自己的身体也陆续出现一些问题，各色杂事也跟着搅局……总之，外在的很多因素直接造成了这一章的难产。

更加致命的是，这一章的好多内容远比自己开题时设想得要复杂，偏偏这一章又是整篇论文的"定盘星"，道理说不清楚、逻辑推演做不严密，会极大影响论文质量。其实直到现在我对其中的一些细节也不算满意，这些问题只好等到论文基本成型后再回过头修改了。

可以说，这个问题内容的写作比较苦闷。有好几次不得不中断下来重新思考、调整思路，在学术文献中苦苦寻求可能的支点。到了这个时候再去抱怨自己的不学无术已经没有任何意义，我必须拼到底。等拿到学位之后再去提高吧，无论如何，把这篇论文看作是一个起点会让我好受点，只有实践才能淡化我们的庸人自扰。

至于说到身体，腰疼的问题总算是有惊无险，一场蓄谋已久的感冒也没把我怎么着，可牙疼和口腔溃疡的问题却和这个问题内容的写作一样困扰着我。一天刷4遍牙齿、含5粒华素片都压制不住噌噌生长着的疼痛。上周周末，在泻火药和消炎药（中西药结合）的共同努力下，口腔问题终于得到缓解，今天下午我居然还吃了山楂片和爆米花，想想人生真是幸福，嘻嘻。

希望在接下来的9周半时间里搞定这篇论文。根据以往的经验，这很有可能又是一次痴人说梦，可我真的无法停止对于早日完成这篇论文的渴望……

第三篇日志：博士论文写作第10.5~20周

其实在过去这9周半里的经历都不好再用论文写作来概括了，但是从时间流逝的角度来讲，这第10.5~20周的计数方式，的确出自写作计划。为了保持时间上的连贯性，就这么胡乱往下说吧。

首先，用了一周半的时间，从已经写好的绪论、第一章和第二章的初稿中整理出来6篇貌似可以独立成文的小论文，开始投稿。现在，两个月的时间已经过去了，只有一篇文章得到了CSSCI期刊的用稿通知。看来还是应该少安毋躁，缓一缓，把每篇独立的文章（而不是作为整体的一部分）真正做扎实了再投才好。

之后，开始了第三章的写作，断断续续写了接近4周的时间吧，才写完这个问题的一半。感觉是这样，写之前总觉得似乎不难，真正下笔的时候才发现问题一大把，于是只能耐着性子摸索、前进。

而且，又有好多事情接踵而至，干扰写作。导师要申请某部委的重大招标课题，要我来按他的想法做一下课题论证。夜以继日忙乎一个多星期，好不容易交上初稿，导师又把该课题的一个子课题的论证任务交给了我（后来导师如愿中标，我也顺利成为这个子课题的负责人）。这个时间更紧，只有两三天。那段时间我每天都是凌晨3点之后才睡觉，白天还要照看女儿。必须承认，那是一个相当漫长的十一长假，不堪回首。

于是身心都有些吃不消了，也对"心力交瘁"这个词有了深刻的体会。再加上每周两门、共计16学时的本科授课任务；随着上级本科合格评估脚步的临近，试卷的复核、课堂教学的演练、评估指标体系的熟悉、学校概况的了解、访谈的准备、一次又一次的大扫除……需要完成的任务越发多了起来；女儿去了3天幼儿园，结果感冒发烧咳嗽，前后折腾了十几天，其间还输了5天的液。总之，不得已，论文写作的事情就被彻底放了下来，一直拖到今天。

现在，本科合格评估的事情总算告一段落，一门课程的授课任务也已经结束，女儿也基本适应幼儿园的生活了。掐指一算，从现在到过年，还有11周左右的时间，论文的写作终归还是得继续啊。力争在过年以前写出初稿吧，希望自己可以做到。

明天开始，全力以赴。

第四篇日志：写作第 21~37 周

在论文初稿提交学院进行查重的当口，忙里偷闲把这个系列日志写完。

首先，用了7周时间，总算是把第三章的后半部分拿了下来。这个第三章写作速度之慢、时间之久，创造了我个人的极限记录。而且这个第三章还是在对原来预想的框架进行了最大限度的压缩和删减之后才完成的。总之，它几乎成了我的耻辱。

回头分析下原因呢，一个是事情多，单位的，家里的，分身乏术。再一个呢，也是更主要的原因，是我经历了一次"心理疲劳期"——有时整整一个星期下来，看到论文就想吐；有时虽然强迫自己坐下来，一天才写出 200 个字。后来到了 12 月初的时候，终于把这个疲劳期给熬过去了。说起来挺有意思，当我彻底放开自己、不再强迫自己去写论文的时候，这论文反而写得顺当了。

于是第三章搞定了，3.6 万字。之后，第 28~31 周，我用了 4 周时间，赶在除夕之前把第四章写了出来，3.4 万字。这个问题内容进展较为顺利，框架稍有调整，增加了一些内容，感觉不怎么出彩，好在也没什么硬伤。在此期间，导师交代了一个任务，不算太复杂，很快交工；一月初的时候，应邀给一个成人教育函授站的学员上了一天课，赚了四百块钱，买了一堆巧克力回家。

本打算过年只休息四五天就继续开工，事实上却不得不持续休息到大年初八。而且说是休息，整天也是疲于应付——除夕夜、初一和初五，爸爸妈妈和弟弟来我家过节，一派安定、祥和、喜庆的气氛。初二、初三回媳妇的娘家，初四好歹算是休息了一天，在家里照看女儿。初六、初七、初八也一天没闲着，只是把吃喝玩乐的场所改在了饭店和 KTV，怎么感觉比写论文还辛苦。

随后，我开始为申报国家社科青年基金项目犯难，整天构思构思构思，翻看数量惊人、形态各异的各种文献寻找灵感，又把论文写作的事情放在了一边，直到 2 月 9 日——这一天，我把国家社科基金项目申请材料交至科研处，这个事情总算告一段落。于是，伴随每天对于项目中标的憧憬（那次项目申请没能中标），开始论文最后一章的写作。

16 天的时间，把第五章搞定了，3.1 万字。记得一位学长谈学位论文的写作，说越到后来效率越高，还真是这样。平均每天 2000 字，而且自认为质量还不错，每到迂回之处，总能拨云见日。之后就剩个结语了，4000 字的篇幅，写了 5 天。原因主要在于不知道怎样收笔——既要概括全局，又不能写成摘要，还得留有余地，弄个开放式的结尾。最后敲定写三方面的内容：基本结论、各章节内容与本文研究主旨之间的逻辑关系，以及该议题的研究前景。

结语写完了，新的问题也随之而来。因为对结语的思考在很大程度上也是对整篇论文的回顾与梳理，所以在这一过程之中，发现论文中存在很多的纰漏。有些头痛，但知道这些问题是必须要改的。好在这个时候磊磊（本专业同届博士好友）来了消息，说提交初稿的期限还可以再宽限几日。于是，进入3月之后的这几天，对这些问题进行全面修改。篇幅不算很大，效率又很高，终于有惊无险，赶在5号提交论文正文之前，完成了这项工作。

这两天，把摘要、参考文献和目录基本敲定了，后记不知道如何下笔，缓一缓再说。我对论文的查重结果还是很有信心的，毕竟这是我这么多年以来下功夫最大的一次写作，不会犯这么低级的错误。唯一担心的是自引文献的比重——文中很多内容来自近年来自己公开发表的期刊论文。

值得记录的，还能想起来的，基本就是这样一些内容。下一步，论文应该不会再做大的调整了，除非导师有非常严格的要求；自己的那些野心和梦想，也要抓紧时间付诸实施。希望一切顺利，做好该做的，其他问题交给命运去安排。

……

好了，日志的节选就到此为止。整理这些文字的时候，往事历历在目。完成博士论文的过程可谓各有各的难，而共同点在于：最终，我们都完成了它。完成论文的同时，我们也获得了成长和蜕变。一旦经历这个过程，我们就不再是从前的自己了。显然，这场旷日持久的科研实战让我们成为经过严格学术训练的准专业人士，从而为投身科研行业做好了准备；同时，我们也因此获得成长，变得强大而坚忍。

2. 早规划、定任务、重执行，"三步走"达到毕业条件

翻看自己博士论文附录中的"攻读学位期间发表的学术论文目录"，发现我在读博期间一共发表 18 篇论文，其中 6 篇发表在 CSSCI 期刊上，2 篇发表在北大核心期刊上。正是这些论文的发表，让我比较轻松地满足了申请学位论文答辩的要求，也达到了毕业条件。那么，怎样安排自己的读博生活，让自己顺利达到毕业条件呢？如图 3-1 所示，早规划、定任务、重执行，是我以为的顺利达到毕业条件的"三步走"攻略。

图 3-1 达到毕业条件的"三步走"攻略

早规划：对照毕业条件拟定进阶方案

凡事预则立，不预则废。博士能否顺利毕业，其实主要在于能否从入学之初就对照毕业条件，及早谋划、早做准备。一般而言，在每个专业学位点的博士研究生培养方案里，都对达到怎样的标准和要求才能毕业有十分明确的规定。比如，需要在多长的年限

内修满多少学分,以及必修课、选修课等每类课程的学分比例需要符合怎样的要求;需要完成多少学术论文发表的工作量,并且对论文发表的数量、期刊级别、与博士毕业论文的相关性等指标进行综合考核。此外,有些学科专业或培养单位还会对博士研究生的申请专利、软件著作权、学术交流等内容做出规定或要求。然后在满足这些要求的基础上,通过开题答辩,撰写学位论文,通过论文评审和答辩,才能最终顺利毕业。

好了,切记这里的重点不在于要求有多高、难度有多大,重点在于要在入学之初(甚至早在申博/考博之前)就明确知道"我需要达到哪些条件才能毕业"。这样一来,我们就可以有的放矢,从入学的第一天起,就有效组织自己的在读学习生活,安排好时间精力的投放。退一步讲,如果毕业条件确实让我们感到高不可攀、无法企及,那也可以不去申请/报考这个培养单位的博士研究生,而去申请/报考一个自己更有把握达到毕业条件的高校。

当然,这里给出的选择其实是两种不同的思维模式了。因为毕业条件太高而劝退的是一种固定型思维模式,它的本质是以自己现在的资质来评估未来的可能性;而不管条件有多高也要奋力一搏的是成长型思维模式,它的本质是以远大的目标来组织现在的资源,激发自己的潜能。后者从认知水平上看是显著优于前者的,但凡事也要具体问题具体分析,你选哪种,你说了算。

定任务:别浪费你的每一篇课程论文

说一句有点骄傲的话,我在读博期间写的每篇课程论文,都公开发表了。我是这么想的:既然写都写了,那就再稍稍下点功夫,把它写得更规范,质量更高一些,然后投出去、发表出来。在我看来，这才是成本收益之比最高的决定。请允许我打个比方来说明这个道理。

假如我们的时间精力都是可以精准量化的，你完成一篇课程论文，用了 50 个单位的时间精力，而我为了让它达到公开发表的质量要求，用了 100 个单位。好了，表面看起来，似乎我有点费力不讨好，因为就算我付出 100 个单位，这论文也不一定能发表。那么，我为什么还认为自己的选择性价比高，比较划算呢？

这是因为，由于你并不期待课程论文达到公开发表的水平，写起来也就马马虎虎，写作完成，这个事情也就过去了，那么，你这 50 个单位的付出，就这样被白白消耗掉了，而你并没有在这里获得写作能力的提升。而我呢，看起来是有点傻，因为我的时间精力投放远超于你。然而不要忘记，我写出来的每一篇论文都倒逼自己走出写作的舒适区，获得写作能力的提升，也确实因为我的努力，让我的论文公开发表的概率大大提高了。

事实上，正如开头所言，我读博期间的每篇课程论文最后都公开发表了，大概有 6 篇，其中还有 1 篇发表在北大核心期刊上。所以我们之间的差异在于：我的时间精力投入是 600（100×6）个单位，然后 600 个单位的时间精力带来 6 篇公开发表论文的产出；你的时间精力投入是 300（50×6）个单位，然后 300 个单位的时间精力，没有带来任何公开发表的论文。事实上，哪怕我只发表了 3 篇，甚至 1 篇论文，我的成本收益比，也是远远高于你的。

好了，这里我是借用课程论文发表的例子来说明给自己定任务的重要性。有了任务设定，我在完成课程学分的同时，学术论文发表的条件也达到了，而我的很多同学，是在修满学分之后才意识到需要发表论文，开始写作的。

重执行：仰望星空没有低头走路重要

在关于博士如何顺利毕业这个问题讨论的最后，我们再来说说执行力的重要性。在我看来，我们当然需要仰望星空，但是在达到顺利毕业条件的这个特定情境之下，目标已然锁定，低头走路更重要。

这里的道理其实很简单，人脑的机制决定了我们从来不缺好的想法，脑科学研究用非常过硬的结论告诉我们，大脑在"随机漫步"的状态之下，每天都能产生上万个，甚至十万个"想法"。因此，好想法其实从来都不稀缺，真正能够把想法付诸实践的人，能够"躬身入局"的人，才是真正的高手。君不见，只有那些执行力超强的人，才取得了最终的胜利。

近年来，市面上出版了不少教人怎样提高执行力的书，感兴趣的读者可以去了解一下。我这里只结合个人经验给出几个小建议：第一，"微习惯"的养成很重要。阅读几百篇文献、撰写十几万字论文的任务很容易导致放弃，而每次只读10页文献、每天只写500个字的论文是容易的。第二，设置适合自己的奖励方式，及时奖励。比如，读完一个章节、写完一篇论文或者整理完成一份读书笔记，我就会去校门口的快餐店来一份青椒肉丝盖饭，或者去"地下食堂"来一份肉末茄子石锅拌饭，这个真的爽。第三，逼着自己离开宿舍，去图书馆。一旦走起来，运动本身就会让人心情愉快，等到了图书馆，来都来了，气氛也营造到位了，好歹就学上一会儿吧。

想到、说到都不如做到，道理就是这么朴素。在顺利达到博士毕业条件这件事情上，强大的执行力才是你的撒手锏。

3. 做好大小论文的统筹与协同，事半功倍不是梦

相信细心的读者在看我前面节选的关于我是怎样完成博士论文的日志时，已经发现我把多篇之前完成的小论文（投稿期刊的论文）也放进了大论文（博士学位论文）里，而我在写作大论文的过程之中也会专门留出时间，把写好的、相对完整且质量过关的内容，拆分成小论文去投稿。对，这波操作就是我现在要重点介绍的又一个技巧了：做好大小论文的统筹与协同，能让你内有里子、外有面子，事半功倍地达到毕业条件，圆你一个博士梦！

事半功倍的前提是经验积累

如前所述，在学习课程、修满规定学分的过程中，我已经在课程论文的写作和投稿过程中锻炼了自己，有了相对丰富的"实战经验"。一方面，我的写作能力在这些课程论文的写作过程中得到了很好的锻炼和提升，让我开始初步具备写出一篇合格博士论文的能力；另一方面，我对如何给论文选择目标期刊，如何投稿乃至如何与期刊编辑进行交流等问题有了清晰的体感，这就让我接下来的发表小论文的工作轻车熟路、有条不紊。而所有这些，都为我顺利完成读博期间下一个阶段的任务打下了坚实基础。

这里的"下一个阶段"，就是博士学位论文的选题、开题、写作、中期检查、评审和答辩。而能否参加答辩，除了要让学位论文通过评审之外，还得发表满足一定数量和级别要求的期刊论文的要求。由于我的前期准备工作比较充分，经验也相对丰富，所以到了这个阶段，一切也就水到渠成了。

大小论文统筹协同的行动步骤

让我把"做好大小论文的统筹与协同"的具体步骤描述一下，供你参考。第一步，在入学之初，甚至从拿到录取通知书的那一刻开始，"我的博士论文的选题是什么"的问题，就要始终在你心头萦绕。第二步，在课程学习阶段，一是努力不放过课堂上、课程论文写作中、复习备考中的每一个有可能激发选题灵感的信息，随时记录；二是在课下要不断通过文献的检索和阅读，来把记录下来的选题灵感进行检验，也就是了解学术研究现状，确定这个灵感是否足以支撑一篇博士论文；三是一旦形成一个"提纲"，就把它打印出来，去找导师商量，直至确定一个模糊正确的选题方向。是的，就算到了这一步，似乎也看不出这些步骤和"做好大小论文的统筹与协同"有什么直接关系，但这些都是关键步骤，是统筹协同得以发生的前提，因为不早点确定选题方向，小论文的写作就很难和大论文协同，也就不会出现某篇小论文会在未来的某一天，可以直接成为大论文中的某一章节的情况。我是幸运的，虽然大论文具体题目的敲定是很晚的事情，但是这个模糊正确的选题方向却早早就确定下来，并且得到了导师的认可。由此，关于这种统筹协同的最艰难环节就完成了，接下来的步骤非常容易上手。第三步，在选题范围之内选择自己最感兴趣以及最为基础的议题，开始写作小论文。比如，关于这个选题的学术研究现状是绕不过去的，我索性就写了一篇研究综述论文，而这篇论文也成为我入学以来发表的第一篇CSSCI期刊论文。接下来我不断乘胜追击、扩大战果，事实上，小论文的写作一直持续到我开始撰写大论文的时候。第四步，随着大论文写作的进展而不断拆分出小论文来定稿和投稿。可以一边写一边拆，也可以集中写、集中拆。等我的大论文竣工的时候，小论文也已经七七八八拆得差不多了——在我大论文送审和答辩的过程中，陆续有小论文发表出来。

怎么样？这里的步骤一和步骤二是前提和基础，是去播种；步骤三和步骤四是写作和拆分，带来收获。很多人吐槽自己的博士论文上网（中国知网）太早，以至于自己没有机会把它拆分成小论文去投稿发表，因为自引文献占比太高，涉嫌重复发表。而我，基本赶在博士论文上网之前就拆分投稿完毕。这就使我不仅博士顺利毕业，也拥有了相对丰富的科研成果，而这些成果在我入职科研行业的时候，发挥了重要作用。

4. 只有坚信自己可以如期毕业的人，才会如期毕业

在关于怎样才能完成攻读博士学位的各项任务、顺利毕业这个议题讨论的最后，我想给出一些认知层面的提示和建议，供你参考。而我最想说的一句话，已经写在标题里了：只有坚信自己可以如期毕业的人，才会如期毕业。

需要特别提示的是，我并不是在鼓吹什么精神胜利法，而是在倡导一种专属于高手的认知方式。两者最大的区别在于，前者是庸人的精神鸦片、心灵鸡汤，用以麻醉自己、聊以自慰；后者是高手的指南针和风向标，用来指导行动、不断成长和精进。还记得我们在前面提及的互为镜像的世界吗？如图3-2所示，庸人和高手就生活在这样的"镜像世界"里，以至于同样的一个观念，就导致完全不同的后果。

为了能帮助你像高手一样行动，我提3点建议。

庸人　VS　高手

精神鸦片、心灵鸡汤，用以麻醉自己、聊以自慰

指南针和风向标，用来指导行动、不断精进

同样的观念，导致不同的后果

图 3-2　我们都生活在"镜像世界"

第一，基础概率不重要，你的努力才重要。虽然从普遍意义上看，博士毕业（包括如期毕业和延期毕业）、获得学位是个大概率事件，但是面对博士毕业这件事情，看基础概率的意义并不大。就算你本专业的师兄师姐在过去 10 年间都百分百毕业了，也不能保证你能顺利毕业。事实上，只要你没能达到毕业条件、不满足申请论文答辩的要求，那么你就会成为自己所在专业近 10 年来的第一个无法毕业的博士生。所以，别看概率，概率不重要，问题的关键在于你，在于你的努力。

第二，别让畏难情绪成为你的拦路虎。为什么有人没办法博士毕业（虽然确实很少）？因为在骨子里，这种人就不相信自己可以毕业。他们或者在每一个应该努力的当口统统选择放弃，或者只是表现得很努力，或者努力的方向就是千方百计地寻找可以证明自己"不行"的理由和线索，一旦找到就如释重负，"我都说了我不行，看吧，我确实不行"是他们坚持的信念。这种人如果不改变自己的不合理信念，自证预言就会发挥作用。坦白地讲，如果真的察觉到自己有这种倾向并且已经持续一段时间，可以寻求心理医生的帮助。

第三，别让外因决定论成为你的避难所。对外部环境的抱怨

会极大地干扰你的判断力，也有瓦解你的决心和斗志的风险。比如，当你的选题一次次被导师推翻，当你没能顺利通过论文的开题答辩，当你投稿的论文迟迟不能被期刊录用……如果每当这种事情发生，你都将原因归结于他人，那么，你就被外因决定论困住了。这些抱怨不仅于事无补，还会让情况变得更糟。有句话说得很有道理，"成功时多看看窗外，失败时多照照镜子"。从自己身上寻找失败的原因，你才有可能从中获得成长，才有机会取得成功。

所以，可以给这一节的标题打个补丁，让它更具指导意义：只有坚信自己可以如期毕业并为之奋斗的人，才会如期毕业。

Chapter 4
第4章

要不要去做,以及怎样去做个博士后?

　　顺利毕业,获得博士学位当然可喜可贺,毕竟这是目前全世界都公认的最高学位了。不过说起来,科研行业并不只对从业者的学位有要求,还会考察你的科研经历。处于攻读博士学位阶段的你当然是在从事科研工作,这个没问题,但是严格来讲,那更像是一种演习。真正意义上的科研实战是和学位无关的——也只有在这种时候,科研才会从被作为手段的境遇里解放出来,自身的价值才能被更好地尊重。而要说到科研经历,就不能不提"博士后"了,因为它能提供一种非常亲民、规范、讲求实际而又体面的科研工作经历。在我看来,它既把科研工作本身作为目的,让你在实战中提升科研力,也可以作为手段,为你推开通往更高科研平台的大门。

1. 做好成本收益分析，看清是否要去做博士后

希望我刚才的这段文字没有对你造成误导，我的意思并不是说每个科研从业者都必须有博士学位，更不是说大家都要抓紧时间进站去做博士后。一般而论，当然是获得博士学位更好，有个博士后的科研经历，也能对你在科研行业站稳脚跟、谋求职业发展、取得科研成果起到锦上添花的作用。但是具体到每一个人，以及每个人所处的具体场景和情境，那就要一事一议、一切从实际出发了。

那么，怎样判断我们是否应该去做博士后呢？成本收益分析能够帮助我们理清思路，为我们提供一个非常有效的决策框架。其实很多大人物在面对选择的时候也会采用这个方法，他们都是成本收益分析的高手。

3 位大人物的例子

每当本杰明·富兰克林遇到难题需要做出决策时，他就会拿出一张纸，在纸上列出两栏。然后，在其中一栏列出"赞成"的原因，越多越好；在另一栏列出"反对"的原因，也是越多越好。这样一来，那些不断纠结的、彼此对立的观点就开始变得清晰起来。他会给这页纸上所列出的不同原因按重要程度分配不同的权重，如果某个赞成的原因和反对的原因的分量是一样的，那就把它们一起划去。最后，留在纸上的没有被划去的原因，通常就是对决策构成最重要影响的原因，这个时候再去判断和做出决策，

就变得容易。富兰克林的这个做法就是在做成本收益分析，可以把这里的"反对"视为成本，把"赞成"视为收益。

如果说富兰克林给出了操作方法，那么哲学家帕斯卡（Blaise Pascal）给出了运用这个方法的经典案例。他曾经用这个方法来指导自己做出"要不要信上帝"的决策。他的具体决策过程是这样的：如果上帝存在，那么你信上帝的收获就是永生，上天堂。如果上帝存在但你不信他，那你就得罪上帝了，肯定是要下地狱的。如果上帝不存在而你相信上帝，你可能略有损失，比如说你得花时间上教堂做祈祷。如果上帝不存在而你也不信上帝，你可能略有受益，比如你可能会更大胆地放纵自己，享受多一些的感官刺激。

好了，相信你已经看出帕斯卡在做什么了，他是在做成本收益分析。进而他认为，上天堂的收益无穷大，下地狱的成本无穷大，所以，不管上帝存在还是不存在，最好的选择还是信上帝——因为收益无穷大，成本可接受。也许你觉得把精明的算计用在个人信仰选择这种比较严肃的事情上有些不够庄重，可帕斯卡只是用这种俏皮的方式来做思想实验而已，充分展示成本收益分析的精髓才是我们该关注的重点。

"进化论之父"达尔文在决定是否结婚的时候，干了这样一件事——列出结婚的利弊清单。他写道：养小孩会浪费时间，晚上没办法看书，会变得又肥又懒，常会感到焦虑，而且要负起责任。如果要养活一大堆孩子的话，买书的钱也会变少。但是，工作太多的话，对一个人的健康不利。也许我的妻子不喜欢伦敦，或者变成一个碌碌无为、游手好闲的人……不过，就算列出了结婚的这么多弊端，达尔文还是选择了结婚，因为他认为像一只工蜂一样不停工作、终老一生的情况是无法想象且不可忍受的。

关于成本收益分析的 4 点提示

让我们回到"是否要去做博士后"这个问题。在运用成本收益分析进行决策的时候,我想给出 4 点提示。

第一,不具备现实可能性的选项,就不是选项。回答是否要去做个博士后的问题是存在前提条件的,不具备前提条件,也就不存在这个选项。比如,中国博士后科学基金会 2024 年 5 月发布的《博士后人员进站办事指南》指出:"申请人应具备以下基本条件:1. 年龄在 35 岁以下(含 35 岁);2. 获得博士学位,且获学位时间一般不超过 3 年,身体健康;3. 申请人不能申请其博士毕业单位同一个一级学科的流动站从事博士后研究工作;……"如果你要在国内做博士后,不具备这些基本条件的,显然就不存在"是否要去做博士后"的选项。这些年很多朋友向我咨询要不要去做博士后,交流之后才发现他还不具备申请博士后的条件,这就比较尴尬,还空耗了很多精力和情绪。

第二,要赋予"重要因素"以更高的决策权重。什么意思呢?就是那些对这个决策构成重要影响的因素,要作认真的权衡。比如,你是一名在职高校教师,而你的工作单位规定只有辞职才能去做博士后,那么你就要慎重权衡辞职的成本和做博士后的收益之间的关系,分析做博士后的收益能否覆盖辞职的成本。再如,你是一位刚毕业的博士生,你打算入职的那所高校规定每位应届博士生都必须先以博士后的身份入职,而只有达到博士后在站期间的各项考核要求,才能正式入职这所高校,那么你就要慎重权衡博士后在站期间的收益和无法直接入职高校的成本之间的关系,分析博士后在站期间的收益能否覆盖无法直接入职高校的成本。因为在理论上,你一旦选择做博士后,也就获得了博士后期满入职这所高校的未来可能性,失去了应聘其他高校直接入职的现实可能性。

第三，要看到"一票否决"因素的存在。就拿达尔文决定是否结婚为例，正因为在他看来，终身从事科研工作是无法想象且不可忍受的，所以他就只能选择结婚。"终身从事科研工作"对达尔文而言就是"一票否决"因素。其实，这个"一票否决"因素不是客观的和外在于你的，而是一种主观判断，是由你的价值观决定的。正因如此，它也是因人而异的。如果对于刚获得历史学博士学位的你而言，回到一个四线城市的职业技术学院工作到退休是无法忍受的，那么你在做决策的时候，也就不存在这个选项了。而为了离开这个学院，辞职去做博士后就会成为你的选项之一，甚至是其中最重要的那个选项。

第四，要遵循"机会成本最大化"的原则。以上3点讨论都是在谈这个选项内部的成本和收益，而这里的机会成本所要评估的，则是相对于"去做博士后"的这个选项而言，是否还有其他选项能给我们带来更多的收益，避开更多的成本？时间总是稀缺的，我们需要评估用自己生命中的2~3年时间去做博士后，会是机会成本最大化的选择吗？本质上，这是一种在不同选项之间进行的成本收益分析，它会让我们的决策建立在更多选项的基础之上，从而避免片面和窄化的误区。

最后我想提醒的是：凡是选择，必有代价，只要做出选择，就意味着妥协、意味着放弃。从这个意义上看，我们只能选择一个自己比较容易接受的选项，而永远不要期待最优解和完美选项。

2. 博士后是手段，做与不做、去哪里做主要看目的

成本收益分析是一个经济学的思维模型。鉴于"要不要去做

个博士后"并不是典型的经济问题，为了更好地做出选择，还应该给它打个补丁，那就是——可以结合目的与手段的关系，再来分析一下这个问题。一旦把目的考虑清楚了，做与不做就容易判断了。也就是说，我们需要回答自己为了什么目的而选择去做博士后。如果我们把博士后的科研工作经历作为一种手段，有助于达到目的，就去做；反之，就不去做。

我为什么选择去做博士后？

还是以我自己为例来说一下这个问题。我当年是省属重点大学副教授，教授没评上（业绩成果够了但资历太差），博士毕业马上满3年，岁数马上满40岁（当年博士后的年龄限制是40岁）。然后，那时的我和爱人分居两地，爱人在家乡当公务员，我的女儿留在妈妈身边。我争取过多次，但所在单位没办法解决我爱人的工作问题，因为政策不允许——她是公务员，高校所看重的学历和职称，她都不具备。当然，这里的重点在于我还没有厉害到足以让单位为我破例的程度，人家也是讲究成本收益分析的，可以理解。

是的，这就是我当时的处境。可理解归理解，问题总要想办法去解决。于是，做博士后这个选项就进入了我的视野——在我看来，这是基于我当时的处境，能想到的解决"与家人团聚"这个关键问题的可能方案。我的想法很简单（也很功利）：首先，我要尽自己所能到所"名校"、师从"名导"去做博士后。然后，一方面我自己要多努力，尽可能多出高质量科研成果；另一方面要尽量利用好这段经历，多向合作导师学习，多和学界同仁交流。而所有这些努力，是希望自己看起来比较厉害，以至于能打动某个还不错的用人单位，可以接受我带着"家属"一起入职。

当然，我在这么说的时候，也选择性地忽略了其他选项。比如，如果我回到家乡，回到我博士毕业的时候调离的那所地方学院，那就立刻实现了与家人团聚的目的。但是我肯定是不会回去的，因为这属于我的"一票否决"因素，于我而言，回是再也回不去了，并不是说这个单位不好，而是对我和我的家庭来说，还有更好的可能性值得我再努力一下。

好了，让我们再回到成本收益分析。那么，我去做博士后，有没有成本和代价呢？这个自然是有的，凡事皆有代价。我获得的是在职博士后的名额，说白了就是自费，流动站是不给我发工资和津贴的；而工作单位那边，由于我不能承担教学工作了（科研工作和带研究生不受影响），就只发基础工资，没有课时津贴。开销增加而收入减少，导致我的经济压力突然间就加大了。同时我的心理压力也不小，这应该是我职业生涯里心理压力最大的一个时段了：因为做博士后的这个选择只是一个机会，至于能否达到我的预期，是有很多不确定性的。和前面的申博/考博、博士能否顺利毕业相比，这明显是一个复杂问题。

持续的努力（正确的决策）可以带来好运

下面说说结果。经过一年多的努力，中间也有很多波折，最终在我博士后出站之前，就实现了与家人团聚的目的——爱人随我一起顺利入职了我们现在工作的这所高校。而且原本以为的经济压力很快也就不存在了，我进站当年，第一个学期就拿到了中国博士后科学基金面上一等资助项目，经费是 8 万元；转过年来，我又顺利获批了中国博士后科学基金特别资助项目，经费是 15 万元。所以我曾经以为的"苦日子"，至少从经济压力上看，并不存在。

所以回到做与不做、去哪里做博士后的这个问题，还是需要追问一下自己的目的。一般而言，目的越明确，行动路线就越清晰，而行动路线越清晰，博士后在站期间的每一天，你就越有干劲，并且越容易获得意义感和使命感。我想说的是，当你做出正确的决策，迈着大步，充满信心地朝向你的目的奋力前行的时候，你也就拥有了"好运体质"，你想要的未来也更容易实现。

3. 想让博士后阶段助力学术成长，你得做对 6 件事

这一部分，让我们回到博士后科研工作本身来做些讨论。如图 4-1 所示，我想从助力学术成长、提升科研能力的角度，给有意进站从事博士后研究工作的读者，提供 6 条建议。

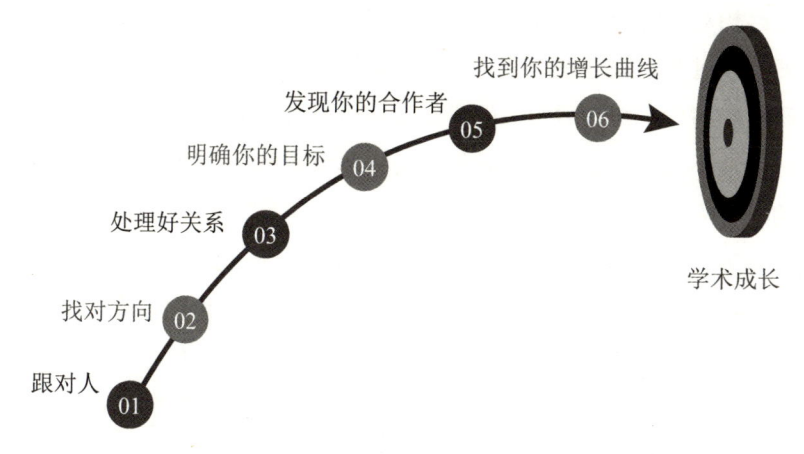

图 4-1　助力学术成长的 6 条建议

第一件事：跟对人

一个好的合作导师，对我们顺利完成博士后在站工作任务，获得学术成长、精进科研能力是至关重要的。可以从学养、人品

和声望等多个维度去考察和评估自己的潜在合作导师，到了博士后阶段，我们的合作导师不该有明显的短板。必须承认我的运气极好，不仅进站之前就和导师结识，有过多次交流，进站之后，随着交往的深入，越发认为导师在各个方面都堪称完美。在我眼中，导师更像是一位友善的长者，为人谦逊宽厚、达观风趣、乘物游心，为学严谨钻精、学养深厚、海纳百川，在提携后辈方面也是竭尽所能。在导师的引领之下，一幅波澜壮阔的学术图景在我眼前清晰呈现，这也注定了博士后工作时间是我个人学术成长，乃至整个学术生涯中最为重要的三个年头。

第二件事：找对方向

到了这个阶段，导师的作用恐怕更多是外围的。我们已经形成自己相对稳定的研究领域，并且在进站之前就对自己在站期间的研究工作进行了规划设计，有了比较系统的思考。相较于博士阶段的研究和写作，博士后阶段的科研工作可能会有微调，但推倒重来的可能性不大。尽管如此，我们还是要尽量找到一个可以持续2~3年的研究方向，我们整个博士后阶段的研究工作，都要围绕这个方向来开展。以我为例，多民族国家的族际政治整合是我博士论文中涉及的一个章节内容，我曾经依托对于这个议题的思考完成了一份教育部人文社科研究的项目申请书，但是比较遗憾，未能获批立项。于是，我的整个博士后阶段就专攻这个方向，最终拿到了项目，发表了论文，出站报告几经周折，最后也得以出版。

第三件事：处理好关系

博士后在站期间，从事科研工作自然是我们的分内之事，但如果只做科研，那对这段宝贵的工作经历而言，还是有些浪费的。

在做好科研工作之外，我们还要处理好各种关系，比如和合作导师的关系，和团队其他成员的关系，和博士后设站单位行政管理人员以及其他导师的关系等。这些关系从小处着手，看眼前，对我们完成在站工作、顺利出站十分重要；从大处着眼，看长远，则对我们的学术成长、能力提升乃至未来的职业发展产生重大影响。由于我是在职博士后，已婚已育，所以我还要处理和工作单位领导、同事的关系，和爱人、女儿的关系，维度比较丰富。所幸与我存在这些关系的人中，尤其是我的爱人和女儿，对我比较包容也比较信任，这让我受益匪浅。而现在回想起来，我博士后在站期间的所有遗憾，其实都和人际关系有关。

第四件事：明确你的目标

这里的目标，其实和前面提到的"我为什么选择去做博士后"的答案是一致的，放在这里再次强调的意义在于，既然我们已经成为博士后在站科研人员，那么我们就要根据现在的实际情况，把之前比较粗放、宏观的目标，优化、细化、具体化，最好能落实到你在站期间的每个月、每一周。比如，我自己在进站之后，除了完成合作导师交给团队成员的常规任务（如科研辅助，博士后、博士、硕士的传帮带工作、读书会等）和临时任务（比如组织学术会议、外出调研与参会等）之外，还有着非常清晰的目标，并把这些目标量化成以周为单位的工作日程安排。正因如此，我在博士后阶段所取得的成果，无论是数量还是质量都远超博士阶段，博士后工作报告的答辩成绩为"优秀"。

第五件事：发现你的合作者

平台的重要性，再怎么强调都不过分。对于在站博士后而言，这很有可能是我们在自己全部职业生涯里所能进入的最好平台。如果通过这个平台，你无法找到未来的科研合作者，那么当你离开这里之后，你将更加难以找到。现在和我保持最密切的科研合作关系的同行学者，或者是我博士后在站期间导师科研团队里的小伙伴（我们合作完成了多项课题研究任务，发表了多篇论文），或者是博士后在站期间机缘巧合（比如会议接待、外出调研与参会等）结识的学友。甚至，后来把我引荐到现在的工作单位的那位"贵人"，也是我在站期间外出参会的时候结识的。我们自那次开会结识以来，一直保持着紧密的科研合作关系，他后来获批立项的那个国家社科基金重大项目请我来做子课题论证，并且邀请我做他的子课题负责人。显然，我们之间的这种合作关系还将继续下去。

第六件事：找到你的增长曲线

博士后在站期间，我不仅实现了持续的高质量学术产出，也逐渐找到了适合自己的作息节奏和工作模式，后者让我尤为庆幸。正是基于这种作息节奏和工作模式，我在离开博士后在站单位之后，也基本保持着之前的状态，并因此形成了专属于我的科研增长曲线。必须承认，在站期间的作息节奏和工作模式被我精准复刻到现在的学习和工作之中。虽然出站之后的工作环境和平台资源，与在站期间相比有明显落差，但好消息是，得益于我在站期间的节奏和模式，一切还都运转良好，甚至我现在带领自己的硕博团队，很多做法也复刻了导师领导我们那个团队时的做法。博士后在站科研工作经历深刻影响和改变了我。那段经历让我看到一个阳光明媚的未来，让我满怀期待。正是这段经历促使我在出站报告的后记里写道：我想去看看梦想赋予我的那个世界，也许，这就是我一路奋战的全部意义吧。

4. 给自己一个"看看梦想赋予你的那个世界"的机会

进站成为博士后，其实是获得了一个为期2~3年的"窗口期"。如果把这个窗口期用鸡汤味十足的表述方式来呈现，就是标题里的"看看梦想赋予你的那个世界"了。至于这个窗口期究竟是给你未来的择业就业、职业发展创造了机会，还是只空耗了年华，单纯把这些问题顺延了2~3年，从而让问题变得更加严重，就得看你是如何利用这段经历了（当然也有运气的成分）。

个人职业生涯的高光阶段

我呢，踏踏实实（我叫老踏嘛，老踏实了），一直比较努力，但是客观地讲，运气也好。事先声明，下面即将开始的关于我的博士后期间业绩成果与职业生涯经历的介绍，完全没有自我吹嘘的意思，现在的高手实在太多，"牛人年轻化"的趋势也势不可挡，和他们相比，我显然并不优秀。比如，我的一位博士同学在32岁评上正教授，成为他所在高校史上最年轻的文科教授；而我呢，我在40岁才评上了教授。这些年放眼我的身边，"80后""90后"发表本专业学术顶级期刊的大有人在，我两只手已经数不过来，甚至大学时代睡在我下铺的兄弟，本硕博一路高歌猛进，毕业留校任教，早早就评上了教育部青年长江学者；我的一位师兄也顺顺当当评上了长江学者。

我这里要说的，只是纯粹从回顾自己职业生涯的角度来看，博士后的这三年是我科研能力提升、见识水平增长的黄金期。虽然论我的科研业绩，完全被前面提到的各位甩了十条街不止。

博士后期间，我终于评上自己所在单位的正教授，拿到了国家社科基金年度一般项目，获批中国博士后科学基金的面上资助项目和特别资助项目，立项国家民委民族研究项目，获得省社科优秀成果政府二等奖，入选省"321"人才工程项目第二层次名单，成为3个相关学科专业国家级学会的理事，在国家一级出版社出版学术专著1部，发表论文19篇，其中包括9篇CSSCI论文、6篇CSSCI扩展版论文、3篇北大核心期刊论文，最终以"优秀"等级完成出站工作报告答辩。

博士后期间，我在航旅纵横App上的飞行里程长期超过98%的人。应邀到多所"985"高校的二级学院/研究院讲学，去北京、广州、昆明、呼和浩特、贵阳、南宁、哈尔滨、石家庄、厦门、齐齐哈尔、延吉、通辽、百色、金华等地参加各级各类学术会议，还陪同导师去普洱、呼和浩特等地与当地高校洽谈合作事宜，去南京参加了为期两周的青年学者科研专项培训。

至于说到上海本地，我参加的学术会议、聆听的讲座就更多了，甚至我还在导师的授意下，作为"操盘手"和团队成员一起在我们研究中心举办过一次高层次论坛。而由导师发起，我们团队成员组织的读书会就更是如火如荼……博士后三年，我领略了圈内顶流学者的才学与风范，知道了"与志趣相投的人并肩作战"的美好与快乐，也懂得了自己的渺小和世界的广阔。对了，还有最重要的一点，我也从原来的省属重点大学跳槽来到现在的全国重点大学。

一个总结：你该如何选择？

好了，还是回到这一章的核心议题，回到你，你要不要去做个博士后？

首先，要对这个选项做一个成本收益的分析，只有当成本可控且可以接受，收益（包括潜在收益、预期收益）能够显著覆盖成本的时候，这个博士后才是值得去做的。其实也可以从机会成本的角度来加以说明，这 2~3 年的时间用来做博士后，对你而言会是一个机会成本最大化的选择吗？这是在不同选项之间来进行预期收益的比较，从而帮助你理性思考、正确决策。

其次，要问自己：我为什么要去做博士后？你的目的不仅会指引你做出明智的选择，更会在你选择去做博士后之后，指引你度过忙碌而充实的在站时光。塞涅卡说过一句名言："如果一艘船不知道要驶向哪个港口，那么任何方向的风对它来说都是逆风。"因此，散步式的（据说毫无目的地行走是散步的本质）博士后经历并不会成就你。就拿我们团队来说，滞留多年、最后退站的小伙伴不乏其人，他们反倒在其他领域找到了自己的爆发点。

最后，你当然不是非得去做博士后。不管我所描述的博士后在站时光多么美好，那也只是我的选择，孤证不立。另外，我在站期间也有很多无奈和苦涩，只是在这里被我选择性忽略了。重点在于，不管你最后做出的选择是什么，都一定要坚信这个选择是正确的。千万不要让张爱玲小说《红玫瑰与白玫瑰》里有关蚊子血和朱砂痣的隐喻干扰你的判断，"生活在别处"的思维方式是有害的，会让你辜负自己的选择。

Chapter 5

第 5 章

想要入职高校/科研院所，最该看重哪一点？

理论上讲，无论是申博/考博还是去做博士后，都只是可选项。而入职高校/科研院所，则是从事科研工作、进入科研行业的规定动作。我这种因为所在中专学校被整体并入地方本科院校而被动进入科研行业的情况比较特殊，不具有代表性；更多人真正进入科研行业，是从选择入职高校/科研院所开始的。因此，这一章我们就来看一下如何选择入职高校/科研院所的问题。人们常说选择无处不在，可一生之中真正关键且需要我们做决策的机会其实并不多。但也恰恰是这些关键决策，对我们的人生产生了重要影响。我虽然是被动进入科研行业的，但是为了改善职业发展前景、实现职业生涯跃迁，也做了20多年的努力，也许，我的经验对你做出好的决策有所启发。

1. 帮你把握入职单位"基本盘"的5个维度

科研行业的出现是社会分工的结果，科研工作是有组织的活动。这意味着我们若想进入科研行业，从事科研工作，起点是先入职一个组织，一家科研单位。这里的科研单位，既包括广大高校，也包括各级各类科研院所，还包括各级党校（行政学院）、社会主义学院等。出于讨论的便利，我们不在这里对不同高校和科研院所做更为细致的区分，只从"科研单位"这个理想组织类型的角度来做一般性的分析。下面，我要给出帮你把握入职单位"基本盘"的五项指标，如图 5-1 所示，这些指标也构成了我们判断是否可以入职的 5 个维度。

图 5-1　把握入职单位"基本盘"的 5 项指标

第一个维度：便利性

人们常说选择工作的标准是"钱多活少离家近"。这里的离家近，主打一个便利性。当然这里讨论的便利性并不只是离家近，但这个"离家近",妙就妙在形象地给出了便利性的本质。对,周遭环境就是这么熟悉,轻车熟路,唾手可得。引申开去,单位门口就有地铁站,步行 15 分钟就到永辉超市,单身公寓的楼下就有四大国有银行之一的营业厅或 ATM 机,快递站、早餐店、面包房、洗衣店、停车场、药店和诊所等生活配套设施一应俱全,单位领导同事大都操着本乡本土的非常熟悉的方言,遵循自己非常熟悉而适应的文化传统和风俗习惯。

第二个维度:保障性

保障性,顾名思义,也就是高校/科研院所能为入职的科研工作者提供较好的职业保障和生活保障。比如,基本工资标准、"五险一金"和各项福利待遇在本省本地乃至全国具有竞争优势;拥有比较完备且运转良好的基础设施(教室、实验室、会议室等工作场所)与配套公共服务(水、电、燃气、网络等);基本业务经费和发展经费较为充裕且逐年增长,能够满足广大单位职工日益增长的对于美好工作环境的合理期待;尚未实行"非升即走""非升即转"的聘用政策,不必面对极大的晋升压力和出局风险;等等。

第三个维度:成长性

不论是单位的工作氛围还是人员(职称)结构,都为年轻人提供了施展才华、大显身手的机会和舞台。这样的单位,一般工作氛围开放、轻松且包容;业绩考核和职称评审有客观的标准和规范的流程,且更看重人的能力而非资历,还有破格晋升的弹性和通道;单位的绩效考核和奖励机制也遵循同样的原则,能上能下,富有活力;单位业已形成比较成熟的"传帮带"传统,无论是教学、科研还是带学生，都有比较完备的流程，可以轻松上手，即学即用；长到为期半年或一年的出国访学和国内进修，短到为期一周或几天的业务培训与学术交流，都有一套运转良好的支持系统，也有可以遵循的规章制度。

第四个维度：适配性

一般而言，如果我们能够找到一个专业对口、和自己的性格也匹配的单位（岗位），入职的过渡期就比较容易度过，我们也可以更快适应工作岗位，创造工作业绩。因此，适配性也是我们评估自己是否选择某个单位的重要维度。这种适配性，也就是我们的专业技能、性格特征、心理素质等和特定岗位需求的匹配度。当然这里还存在这样一种可能，那就是当初"以为"某个岗位会和自己的情况比较匹配，然而入职工作一段时间，经过"实战"之后才发现其实并不匹配，那么就涉及在单位内部转岗的问题。而一个单位能否给我们提供转岗机会和试错空间，就涉及评估入职高校/科研院所的又一个维度——自由性。

第五个维度：自由性

如果某个单位能够包容我们的转岗和试错，也能给予我们比较充分的信任和尊重，允许我们在自己感兴趣的研究领域进行自由探索，那么，这样的单位，就是自由性较高的单位。显然，这种单位会和那种中规中矩、四平八稳，严肃有余但活力不足的单位形成鲜明对比。一般而言，这种单位的领导比较年轻也很开明，单位里的年轻人居多，所以容易形成自由随性的氛围。同时，这样的单位一般比较"年轻"，或者是某个新成立的科研院所，或者是刚筹建的地方高校。这样的单位会和刚入职的年轻人一起成长，年轻人的成长和职业发展水平，代表着这个单位的未来。

需要提示的是，这 5 个维度给我们入职高校/科研院所提供了一个分析框架，但其实很难有哪所现实中的高校/科研院所能同时满足这 5 个维度的要求。所以，"五维度分析法"看起来是客观的，其实是主观的，而你更看重哪些维度，体现着你的价值观。

2. 如果你是乐观派，低头看路很重要

很多刚毕业的博士、刚出站的博士后（包括从海外名校毕业/出站回国的博士/博士后）血气方刚、踌躇满志，大有一副挥斥方遒、舍我其谁的阵势，迫切期待加盟一个能够充分施展自己才华和能力，助自己干出一番事业的平台，入职一所高大上的高校/科研院所。有这样的气魄和雄心当然是好事，年轻人就要敢闯敢拼，只是我要稍微给这类青年才俊一个小小的提示（希望不要"爹味"太浓）：别低估平台的要求，也别高估自己的水平，尤其是别小瞧"身份转换"带来的阵痛。

别低估平台的要求

这些年我见过很多人可谓是"来势汹汹"，加上用人单位也的确求贤若渴，于是他们"出道即巅峰"，一入职就被单位直接给了校聘教授/副教授、院聘教授/副教授、特聘研究员/副研究员，或者学科带头人、学术带头人、学术骨干人才之类的职称和头衔，享受相应的工资、津贴和人才待遇，还有专项经费的支持。这当然足以证明你的实力，说明你应聘入职时的资质和成果是被用人单位认可的，但千万不要忘记这种认可是指向过去的，它并不能保证你在入职之后就一定能保持曾经的水准、做出同样的成

果，进而保住自己的职称、头衔和待遇。

事实上，在上面提及的这些"狠角色"里，有些人一过"保质期"，就只能暗淡收场，或者降职聘用，或者直接出局。为什么？很有可能他们低估了平台的要求。一般而言，用人单位会要求入职者在规定期限之内完成一定数量和质量的科研产出，一旦没有完成，曾经的职称、头衔和待遇，也就被收回了。

别高估自己的水平

出现上面所谈及现象的另一个原因，就是入职者高估了自己的水平。认知心理学研究表明，人们在获得成功的时候，往往会把原因归结为自己的天赋和努力，而看不到运气、平台、团队、身份等因素的加持和贡献。你曾经的成功，比如在一个高影响因子的国际学术期刊上发表的论文，有可能是因为这篇论文的选题刚好和期刊当期的栏目计划相匹配，又刚好碰到了一个对这项研究非常感兴趣的审稿专家；这篇论文里使用的关键数据是团队成员在实验室摸爬滚打两个多月才得到的，如今你离开了团队也不在这个实验室了，再想获得类似的关键数据就没这么容易了；论文最后统稿的时候是你的导师亲自上手做的，导师的统稿对提升论文质量起到关键作用，而这一点你并不知道，或者选择性忽视了；等等。

你瞧，为什么有的人博士毕业/博士后出站之后就再也没有发表过"代表作"？因为幸运女神不会一直眷顾他，他"回归均值"了，泯然众人矣。

别小瞧"身份转换"带来的阵痛

话说回来，为什么有人会低估平台的要求，高估自己的水平呢？其核心原因在于对"身份转换"所带来的阵痛准备不足、考虑不周。

海外名校留学／工作回来的，基本接受过非常严格和系统的科研训练，这一点毋庸置疑。问题在于，国内和海外的科研体系还是存在很大差异的。这就导致入职者要在两种不同科研体制之间做一次切换，切换得好的，自然就没问题，但是有一些入职者很难完成这种切换，从而无法适应入职后的科研工作。而且，这个问题并不都是主观的，因为不同学科和专业、不同研究方法和领域，国内外科研体制的切换成本也存在很大差异，有的学科专业切换成本很低，甚至回国之后的优势比在国外还明显，可以平滑过渡；有的学科专业的切换成本就很高，面临非常大的挑战。

至于说国内的博士毕业／博士后出站入职，一般我们读博／做博士后的平台是要好于入职单位的，这样一来，离开原有平台和团队，也没有了导师的指导和把关，开展独立研究的时候，就容易遇到一些瓶颈和短板。其实也没什么好避讳的，我做博士后期间，单位时间发表论文的数量和质量都远超入职新的工作单位之后。直到最近这两年情况才有所好转。我身边有类似情况的同行也并不罕见，尤其是历史学、心理学的很多博士，他们在读期间都有非常厉害的科研成果产出，反倒是入职之后，很难再有斩获。

3. 如果你是悲观派，仰望星空也重要

不知看完上面的内容你会做何感想。如果你就此得出实在太卷了、简直无法承受的结论，那我必须澄清一下：这并非我的本意。

而且事实上，面对同样的入职科研行业的议题，更多人并没有遭遇降职聘用或直接出局的境况。我只是把这种较为极端的可能性列出来，从而给那些因为过分乐观而没有做好充分准备的人泼点冷水而已，我的出发点肯定是好的。

下面，还是出于同样的目的，我再给悲观派打点鸡血。哪怕像我这样起点不高、资质普通、入职单位的平台和环境不够理想的普通人，依然有机会在科研行业生存发展、不断进步。

来自普通人的现成答案

关于普通人怎样在科研行业求生存、谋发展，我还是稍微有点发言权的。话说我这地方民族师范学院本科学历的中专思政课教师（看看这信息量有多大，简直就是普通得不能再普通的起点），经过 20 多年的摸爬滚打，终于来到现在的这所"四非"全国重点大学，实现了"人生逆袭"。在此期间，我辗转 5 所高校、经历 3 次转岗和 2 次跳槽，一路奋战，完成了学位从学士到硕士再到博士的提升，职称从助教、讲师、副教授再到教授的晋升，还去国内名校做了 3 年的博士后。

而且，来到现在这所大学之后，我之前努力的回报还在继续。一是我的爱人顺利入职了，我当教师，她做行政；二是在单位工会的积极协调下，我的女儿顺利转学来到这里读小学，这也意味着我们一家人团聚的愿望终于得以实现；三是我有幸成为自己所在学科设立博士点以来第一批获得博士生导师资格的教授，同时获得了博士生招生名额；四是我刚好符合申请条件，于是通过申请顺利成为学校为数不多的享受年薪制的教授；五是我还成为院校两级学位评定委员会和学术委员会的委员。

所以，道理就是这么简单：只要有梦想、肯努力，你永远都是有机会的。

成功的标准并不是成为"头部"

可能有读者会对我所谓的道理不以为然，对我所取得的"成就"嗤之以鼻，甚至嘲笑我奋斗20多年，还是连个双一流高校的教职都没有，不如直接认命躺平。的确，放眼望去，在我这岁数当上院士（学部委员）的已经大有人在，获得各级各类人才称号的专家学者早已成千上万，任教"985"高校、"211"高校、双一流高校的教授就更是数不胜数了。是的，他们已然成为这个行业的"头部"，代表着这个行业的未来。

然而，平心而论，不能成为"头部"就真的只能认命躺平吗？要知道，他们中的大多数人也不是含着金钥匙出生的，更不是因为早早得知自己是什么"天选之子"才去勇攀高峰的，事实上，正是因为他们从不认命，也不躺平，才成了今天的"头部"。退一步讲，还是说我，虽然在可以预见的职业生涯的未来，我看不到自己成为"头部"的机会，但是那又怎样呢？要知道，任何一个行业从业者的分布，都遵循"二八定律"，没有成为浮出海面的"冰山一角"，并不等于你的努力就没有意义。重点在于，只要你还在这个行业，只要你肯努力，就永远有机会浮出海面。

而且，我正在不断努力让自己变得更好，我正在经历肉眼可见的成长，我还将继续成长下去。而我现在的这本书、这一部分、这句话，有可能点醒一位读者，他在未来的某一天有机会成为"头部"，这不也是我努力的价值吗？

4. 你所看重的，终将定义"你是谁"

好了，到了本章内容的最后一部分，我们还是回到前面给出的 5 个维度，即便利性、保障性、成长性、适配性和自由性，再来讨论一下入职高校/科研院所最该看重哪一点的问题。理论上讲，5 个维度都完美的单位就是最好的单位。那句俏皮话怎么讲？小孩子才做选择，成年人都要！然而回到现实我们立刻就能发现，很难有哪所高校/科研院所能同时满足这 5 个维度的要求，就算存在这样的单位，然后你还真就给挑出来了，人家也未必愿意聘用你（无意冒犯）。所以重点来了，我们得回到幼儿园，像小孩子那样在不同维度之间做选择。给出一横一纵两种分析思路吧，供你参考。

共时性分析：你偏保守还是偏激进？

先给出一个横向的分析思路。如图 5-2 所示，想象你有一把尺子，在这把尺子上面，越靠左边的刻度就越保守，越靠右边的刻度就越激进。然后，把前面提及的 5 个维度放在这把尺子的不同刻度上，看看自己更看重哪些维度。

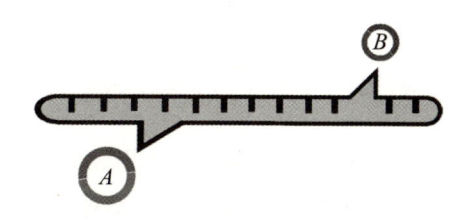

图 5-2　共时性分析：保守还是激进？

比较而言，保障性和适配性在这把尺子的左侧（点 A），成长性和自由性在这把尺子的右侧（点 B）。便利性和保守或激进的关联度不高，算是一个"尺外因素"。它意味着不管你是偏保守还是偏激进，便利性越高，越能帮你做出入职的决策；而便利性为零的，不管你偏保守还是偏激进，也不管这个单位对你偏好的满足程度有多高，可能你都只好放弃这个单位的入职机会。

至于说到保守和激进这两种偏好哪个更好，恐怕就不好一概而论了。这有点类似于口味，有人喜欢吃辣，有人喜欢吃酸，有人口味清淡，有人就比较重口，这个本身是无所谓好坏的。一般而言，看重保障性的人喜欢置身在一个稳定和安全的环境之中；看重适配性的人更愿意待在自己的舒适区；看重成长性的人更倾向于积极进取，希望通过努力获得职业跃迁；看重自由性的人更愿意冒险，喜欢尝试新鲜事物，这也会让他们的学习能力、适应能力和创新能力得到更多的锻炼，从而更容易拥有这些能力。

偏保守的维度看似中规中矩、四平八稳，但它是以牺牲可能性为代价的；偏激进的维度看似豪气冲天、勇闯天涯，但它存在牺牲确定性的风险。而牺牲可能性本身就潜藏着风险，牺牲确定性本身则意味着代价。总之，怎么选都有代价也都存在风险，没有万全之策。

历时性分析：你看重眼前还是看重未来？

再给出一个纵向的分析思路。这个思路可以打个什么比方呢？如图 5-3 所示，就好比你要穿过一段公路，那么你更注重在公路的起点自己能获得什么，还是更关注在公路的另一端，在走完这段公路的时候你将获得什么。

图 5-3　历时性分析：看重眼前还是未来？

说得直白点，前者（点 A）更关注"即时满足"，后者（点 B）更在意"延迟满足"，看你是否愿意牺牲当下、追求未来。

沿着这个思路进行分析，便利性和保障性基本就属于"即时满足"，所见即所得；成长性则更接近延迟满足，需要把羊腿留在羊身上而通过努力，把羊养大；至于适配性和自由性，它们基本不在这个公路的两端，而对于"穿过公路"的效率和效果而言，两者也是各有优劣、不分伯仲。

那么，我们应该追求即时满足还是延迟满足呢？这一点也是没办法一概而论的。回答这个问题的重点在于对"我"的期望。如果图个"安安稳稳过日子"，认为这样就挺好，那当然要"即时满足"；如果希望"我拿青春赌明天"，那眼前的一切就都没那么重要了，你一定会对成长性高度敏感，也愿意给这个维度以更多的决策权重。不过把话说回来，选择"安安稳稳过日子"的，可能你的职业生涯一眼就望到了退休，缺乏新鲜感，平平淡淡，而且这种选择也有它的脆弱性——一旦外部环境剧烈变化，由于你对现有环境过度拟合，太适应既定的轨道，你难以获得逃逸的机会。选择"我拿青春赌明天"的，弄不好不仅没有赌到一个美好的明天，还一不小心输掉现在，但是它的优势在于"反脆弱"，你的学习能力、创新能力、适应变化的能力都很强，所以一旦外部环境剧烈变化，你就有机会乘风破浪，获得辉煌成就。

说到底，我们的选择在于：为了让用人单位在某个维度上最能满足你的期待，你愿意付出多大代价，损失哪个维度？本质上，你的选择代表着你的价值观。你无法超越自己的价值观来做出所谓"正确"的选择。所以，"五维度分析法"看起来是客观的，其实是主观的。

你所看重的，终将定义你是谁。

Chapter 6

第6章

参加学术会议,到底能学到什么?

参加学术会议基本属于每位科研人的常规操作了。从外部条件来讲,现在学术会议的资源非常丰富,如果你把参加学术会议当成自己的志业,那么你的状态很可能就是要么在参加学术会议,要么在参加学术会议的路上;从内在需求来讲,如此丰富的学术会议资源让我们通过参会来聆听大师教诲,享受思想盛宴,了解学术研究进展,把握学科发展趋势,结识志同道合的同行学者进而展开广泛深入的交流合作等成为可能。在这一章里,我将结合个人经历讨论一下参加学术会议的作用和意义,以及通过参加学术会议,我们能学到什么。

1. 那次参会，让我立志要成为他们中的一员

必须承认，参加学术会议对于提升科研能力是非常重要的。然而说起来你可能不信，我在整个读博期间，没参加过任何一次正式的学术会议——学术讲座听过一些，但学术会议确实没有参加过。这一点再次验证了我在相当长的求学/职业生涯里，都是一个后知后觉的人。

论后知后觉与"只要开始就不晚"

是的，我第一次参加学术会议是在博士毕业之后，正如我第一次去首都北京是在 32 岁的时候（陪爱人去北京做手术），第一次坐飞机是在 33 岁的时候（飞到北京转乘动车去天津考博士，这也是我第一次乘坐动车），而考到机动车驾驶 C1 执照的那一年，我已经年满 38 岁。等我终于决定要做近视眼手术的时候已经 42 岁了，以至于在做完各项检查之后医生劝我，可以考虑不做这个手术，因为要不了几年我的眼睛就会老花……言下之意，做手术的意义已经不大了。你瞧，后知后觉就是如此彻底地覆盖了我的整个生活。

英国有句谚语是这么说的：种一棵树的最好时机是十年前，其次是现在。是的，虽然我后知后觉，但好在我没放弃，于是亡羊补牢、奋起直追、力争上游，居然还真的在很多方面实现了弯道超车和跨越式增长。比如，毅然决然地做了近视眼手术。说了这么多，归结起来其实就是一句话：只要开始就不晚。

第一次参加学术会议的经历与体会

好了,还是回过头来说我第一次参加学术会议的经历。首先要感谢我的导师,这次会议算是一次"闭门会议",主办方邀请的只是我的导师,所以没有导师的力荐,我是没有参会资格的。情况是这样的:会议要求"以文会友",但导师手头没有现成的文章,于是就把他的某个思路和想法给我讲了讲,希望我能写成论文;然后我就按导师的要求完成了论文,导师看过之后觉得还算满意,就推荐我也去参加这个会议;等临近开会之前的一周,导师让我做一个会议发言的PPT,等我做好PPT发给导师,他索性就让我来代表我们两个人去做会议发言了。

这次参会对我来说是一次非常重要且宝贵的经历。正如我在本部分标题中所写的那样,它在我眼前展现了一幅壮丽恢宏的学术图景。首先,这是一次小范围的、非常务实的会议,会议议题也十分聚焦。与会专家学者只有20多位,加上学生和工作人员也不到40人,还没有会议合影之类的环节,比较紧凑。其次,这次会议用现在比较时髦的词来讲,是个"高端局"。会议的致辞人是"985"高校的副校长,主旨发言人是学部委员,与会的专家学者都是我所在学科如雷贯耳、鼎鼎大名的一线学者。毫不夸张地讲,我是通过拜读学习他们的大作而一点点艰难成长的,而现在,我终于见到了他们本尊。最后,会议气氛紧张热烈,研讨内容广泛深入,一天的会程下来,我实实在在地领略到了一线学者华山论剑、挥斥方遒的风采。也正是在这次会议上,我和我后来的博士后合作导师,第一次见面了。

关于我的会议发言环节值得专门说说。对于我来讲,这无疑是个巨大的挑战,幸好我顺利完成了它。记得在我发言之前的会议茶歇，导师鼓励我说没问题、放开了讲。然后在点评人的提问环节，主持人悄悄走到我身后小声告诉我，这个环节最好由你的导师来说。我立刻表示"好的好的、可以可以"。其实就算到了现在，我还是对这位前辈充满感激。一方面，这简直就是在救我，因为听到点评人的提问之后，我的脑海基本一片空白，然后强装镇定地在那里假装认真思考怎样回答这个问题。可想而知，如果我真就一本正经地进行回应了，弄不好会贻笑大方。另一方面，这也表明我这个人的确太实在了，都忘记起码的礼数。显然，让导师来发言，做个回应才更得体，主持人怕我不懂规矩（确实不懂），赶紧过来提醒。会议结束之后，在与会各位学者等电梯的当口，导师还不忘向其他前辈夸我胆子大、敢讲，诸位大神纷纷表示后生可畏，不错不错。

总之，这一天的会议下来，我的大脑基本处于信息过载的状态，同时也异常兴奋。这次会议对我而言有非常强烈的励志作用，它让我领略到了一线学者的风采和气度，也让我在心底暗暗下定决心，我也要勇攀高峰，有朝一日成为像他们那样的人。

2. 该从报告人、主持人、点评嘉宾和提问者那里学什么

从那次参会到现在，十多年的时光就这么白驹过隙。在此期间，我参加过大大小小、线上线下的各级各类学术会议应该接近百场了，好歹也算摔打出一些经验和教训。我单纯地去听过会，也作为听众向报告人提过问；更多是去做个会议发言（不是主旨发言，目前还不够格，可以预期的未来也依然不会够格），也得到过担任分论坛的主持人、点评嘉宾及大会的分论坛总结发言

人的机会。如果只允许我给你提供一条建议，那么这条建议是：只要去参会，就一定要让自己有所得。事实上，从不同角色的参会者那里，我们都能学到很多东西。如图 6-1 所示，我把参会者的角色概括为 4 种，分别是报告人、主持人、点评嘉宾和提问者。

报告人
好的发言都是结构化的

点评嘉宾
在"秀肌肉"的同时表达欣赏

主持人
控场，再有点幽默感

提问者
不要为了表达优越感而提问

图 6-1　参会者的 4 种角色

报告人：好的发言都是结构化的

　　这里的报告人，也就是会议发言人。而这种会议发言，既包括在小型会议上的发言，也包括在大型会议的分论坛上的发言。当你听的会议发言多起来了，就会发现那些好的发言都有一个共同点，那就是结构化。结构化会让你的发言设计感十足、条理清晰，会让听众拥有确定性，能够跟上你的节奏，也知道你的发言进展到了哪一步，从而把更多的注意力放在你要表达的观点和思想上。如果一位报告人的发言是结构化的，又能很好地控制发言时长，那就是一个非常好的发言了。如果他的研究议题比较新颖，语言又比较生动诙谐，那就是发言的高手。

　　反之，那些毫无设计感，对发言时长毫无概念，同时又好像是在喃喃自语的发言，显然是让人尴尬的。而如果在发言中，单纯一个研究背景的介绍都能占据规定时长 2/3 的报告人，显然也是不合格的，他在浪费自己的发言机会，听众的获得感也会受到很大影响。

主持人：控场、控场、控场，再有点幽默感

无论是大会的主持人还是分论坛的主持人，这个角色最主要的职责就是控场。因此，评价主持人是否称职的核心指标就是看他能否控场。而在规定时间完成规定任务，就是控场的本质。不过这一本质表现在现象层面，不同学术会议对控场的要求也有差别。如果会议手册上已经标出报告人发言、点评嘉宾点评以及自由提问环节的时长，那照着做就好，控场也相对容易；如果会议手册上面没有标出时长，主持人就需要自己设计一个时间表，并且在自己开始主持的时候确保参会人员了解这个时间表。比如，会议规定时长是 100 分钟，将会有 5 位报告人做会议发言，那么你将如何分配这些时间？是每位报告人发言 15 分钟，点评 15 分钟，自由提问 10 分钟，从而让各个环节都有条不紊，中规中矩；还是让每位报告人发言不超过 10 分钟，点评 20 分钟，然后自由提问交流 30 分钟，从而确保听众有机会和报告人展开更为充分且深入的交流？你瞧，这两种不同的时间分配方案就体现了主持人的偏好，同时这种偏好也要适当照顾到参会人员的具体情况，避免因为误判而导致会议的严重超时或长时间冷场。

此外，主持人如果还有点幽默感，能在做好引导和转场工作的同时，营造出幽默风趣、轻松诙谐的氛围，那就更加完美了。事实上，大家都是同行，没有人愿意看着主持人板起面孔训人的样子。当然如果真有主持人这样表现，那很有可能他不是有意为之，他只是比较拘谨或者是在为发言人超时而发愁。

点评嘉宾：在"秀肌肉"的同时表达欣赏

必须承认，点评嘉宾的点评往往是一场学术会议备受关注且最被期待的环节。显然，每位报告人都希望自己的发言获得正面评价和夸奖，而且这种评价和夸奖还不能流于空泛，不能是"哇！这夕阳实在太美啦！"这种大白话，而是"落霞与孤鹜齐飞，秋水共长天一色"这种高雅的点评。所以从难度系数上看，点评嘉宾的角色应该是所有会议角色里难度最大的，但这个角色的好处也是显而易见的：如果做得好，也最容易出彩，会给与会人员留下深刻的印象，成为整场会议上"最靓的仔"。这些年来，我有幸聆听过多次大神级的点评，真的是如沐春风、叹为观止，不仅被点评嘉宾的深厚学养所折服，更为他们从容优雅、中肯而又不失机智的谈吐所深深吸引。他们往往会对报告人的发言提出商榷意见，但这些意见是在充分尊重与理解基础上做出的，意见本身也是建设性的，而不是单纯的批评和打压。

由于点评的难度比较大，因此有些嘉宾的点评做得差强人意，也就不足为奇了。比如，有的嘉宾的点评环节只是稍微做了点铺垫，就把话题引到自己最熟悉也最得意的观点上，然后就自顾自地展开去谈这个观点。这种时候，与会听众往往不明觉厉，可这气氛就比较尴尬了。这种所谓的点评其实是在偷换概念，自然不会收到好的效果。再如，有的嘉宾对自己熟悉的话题浓墨重彩，对自己陌生的话题避而不谈，导致的结果就是有的报告人的发言被他直接无视了，这种做法其实也是不妥的，等会议结束，未被提及的报告人会悻悻离开会场，这样的点评严格来说是有失尊重的。

提问者：不要为了表达优越感而提问

从结构上看，一个好的提问者在提问时，应该先简短谈一下自己从刚才报告人的发言中获得的收获和启发，肯定报告人的发言，然后引出自己的思考和商榷意见，或者单纯说出自己的疑问和困惑，进而把自己的问题非常清晰明了地表达出来。从态度上看，一个好的提问者的提问方式是平等的、谦逊的、友善的和真诚的，是抱着"寻求真知"的目的来提问的。

与此相对应的，自然就是不合格的提问者了。这样的提问者在学术界其实并不多见，但也确实存在。本质上讲，不合格的提问者，他们提问的目的基本是在表达和宣示自己的优越感。这种所谓的提问显然是不会产生好效果的——也许在提问者看来，他达到了目的，殊不知这种为了让自己感觉良好而不惜让全体与会人员心生厌恶的做法，太过幼稚了。他们的具体做法有：开启麦霸模式侃侃而谈，却很难让人明白他要问的问题；抓住报告人发言中的某处口误或者事实错误，百般刁难、刻意挖苦；提问全无建设性，而只是持一种批判的立场，严厉指责报告人；等等。

细心的读者可能发现我并没有谈及主旨发言人。这种角色往往是学术会议的金字招牌，很多人慕名参会，就是想聆听这位/这些顶流学者的主旨发言。因此，向他们学习就可以了。希望你也能成为主旨发言人。

最后我还想提示的是，没有人是天生的报告人、主持人、点评嘉宾或提问者。然而我们通过学习和训练，是很容易胜任这些会议角色的。事实上，会议主办方只有认定你能胜任，才会给你安排这样的角色。而我们的努力都是值得的，因为扮演好这些角色的过程，也会促进我们科研能力的成长和精进。

3. 制订你的参会攻略，享受你的科研精进盛宴

还记得我在前面给你提供的参会建议吗？只要去参会，就一定要让自己有所得。这里所说的参会，是不管主动与被动，公费与自费的。因为不管什么样的学术会议，以及你是在什么样的情境之下去参会的，只要参会了，你的时间精力就消耗在那里了。运用成本收益分析方法，既然有消耗，产生了成本，那就尽量让你的收益覆盖成本，这样的参会才是值得的。这也是我强调"有所得"的原因。那么，怎样让自己"有所得"呢？我想给你提供如下参会攻略。

角色定位：会议报告人

其实，当你以报告人、主持人、点评嘉宾、提问者或者纯粹就是个听众的身份去参加学术会议时，你的参会攻略是不同的。与此同时，不同的参会角色之间在理论上也不存在排他性，你既可以是这一节会议的报告人，也可以是下一节会议的主持人／点评嘉宾；当你没有承担这些角色而只是在听会时，你会是个潜在的提问者。那么，我们应该针对哪种角色来提供参会攻略呢？我的答案是：报告人。

为什么要选择报告人这个角色来提供参会攻略？道理很简单：去参加学术会议的时候，我们通常的角色就是报告人。我们会在大会的某个分论坛或者会议进行到某一节时，做一个会议发言。而发言的内容，是由我们之前向大会投稿的论文或提供的论文摘要来确定的。因此，我们以报告人的角色定位来做参会攻略，会让更多人受益。至于说到主持人、提问者或者听众，想要通过参会而达到"有所得"的目的其实是很简单的，完全没必要上升

到"攻略"的高度，同时我也会在后面的内容里涉及一些。如果你经常是以点评嘉宾甚至大会主旨发言人的身份参会的，那也轮不到我来给你讲什么攻略了。

制作你的会议发言 PPT

如果你的投稿论文或摘要被某个学术会议所接受，那么你将获得一次会议发言的机会。现在的会议发言环节，PPT 基本是规定动作了，所以我们就先从制作你的会议发言 PPT 说起。让我先给出这份会议发言 PPT 的"基本盘"：它的内容主要来自你的论文，展示的是论文的精华；它的功能是帮助与会听众（包括点评嘉宾）更好地理解你的论文；它会对你的会议发言起到提示和辅助作用；它的形式也能体现你作为报告人的气质、品位和态度。

有了这个"基本盘"，制作会议发言 PPT 的注意事项也就容易理解了。其中最重要的一点是，我们要根据自己的发言时长来对论文的内容进行取舍，确保只在 PPT 里展示和你的结构化发言最匹配且无法删去的文字。至于 PPT 的结构设计，我们把它放在下一个标题里来讨论。

要知道，PPT 里的文字越多，它的效用就越低，进而会影响你的发言质量。其原因在于，其一，文字太多，你会产生依赖感，生怕自己说错，于是就会忍不住去看 PPT，然后就是从头到尾念 PPT 了。想想看，虽然你的朗读能力会因此得到锻炼，但是跑到学术会议上去练习朗读能力，这是不是有点大材小用、买椟还珠了？其二，PPT 里的文字越多，与会听众和点评嘉宾就越不容易看到重点。满屏满眼都是字的 PPT 就不是 PPT 了，那是逐字稿。其三，你应该也能猜到了，这种 PPT 不会给与会听众和点评嘉宾留下任何好印象，只会让听众和点评嘉宾觉得发言者能力不足。你可能会辩解说，那我不照本宣科行不行？用自己的话来说当然是好的，但是这样的 PPT 依然会分散与会听众和点评嘉宾的注意力，毕竟那么多的字摆在眼前，不去看也是考验人的。而你说的如果又和那些文字无关，那这 PPT 放在那里的意义又是什么？

接下来我想提示的是，PPT 的形式和它所展现的内容是同等重要的，甚至是更重要的。套用杨澜的那句话，没有人有义务透过你邋遢的外表去发现你优秀的内在。尤其当我们还是初入学界的晚辈小生，优化 PPT 的形式还是很有必要的。至于如何优化，专门介绍这方面的书籍、文章、视频资料之类的太多了，根据自己的需要和时间精力情况，八仙过海吧。在这里我只强调一点：把你的发言目录放在 PPT 的第二页。

设计你的结构化发言

其实报告人的会议发言本身远比 PPT 重要，之所以先说制作 PPT 的问题，是因为我们在设计会议发言的时候，往往是一边播放 PPT 一边进行的。因此从时序上看，我们一般得先有个差不多可以用的 PPT。至于说到结构化发言，一般而言，可以从研究议题的提出（包括研究假设）、研究方案的设计（包括研究方法）、主要观点的铺陈和研究结论的呈现 4 个方面入手进行设计。这 4 个方面不仅构成我们会议发言的结构，也是发言 PPT 的设计结构。

其一，研究议题的提出。简单来讲，这部分就是把"我为什么要选择这样一个议题进行研究"的客观原因与主观意愿做一个说明。它所对应的应该是论文的"问题的提出""选题缘起"部分。根据实际情况，也可以做些文献综述，以及提出研究假设。

其二，研究方案的设计。这部分内容也就是回答"我是怎样研究这个议题的"。因为论文已经完成，所以这个设计不是研究事前的各种计划，而是对已经告一段落的研究进行客观复盘。显然，呈现这项研究的客观过程是这个环节的重点，回顾啊、反思啊、内心体验啊，这些尽量不说，说得越多，研究方案的科学性、客观性就越容易被质疑。

其三，主要观点的铺陈。在我们的发言中，肯定是要体现（投稿论文的）主要观点的。同时，我们也是在自己的观点引领之下展开研究的。至于说到我们提出的研究假设，它本身也是一种观点，一种需要通过实验/试验证实或证伪的观点。因此，缺乏主要观点铺陈的会议发言是缺少干货的，也非常不利于与会听众和点评嘉宾理解我们的研究。

其四，研究结论的呈现。没有研究结论的发言，就好比我们通宵翻阅《福尔摩斯探案集》中的一本，看了200多页，才发现这本书的最后三页被撕掉了——我们用一整夜的时间，读了个寂寞。千万别让我们的会议发言也和这次阅读经历有异曲同工之妙，那会让我们的发言成为大型"翻车"现场。

演练你的结构化发言

设计好你的结构化发言之后，要做的就是演练你的发言了。当然这个要视情况而定，事情太多忙不过来，或者这个会议并没有那么重要，以及你已经多次参加会议，对自己的发言内容又非常熟悉，那就不需要做太多的演练。我在这里只是本着参会"有所得"最大化的原则来提供演练建议，供你参考。

如果时间精力允许，建议你对着制作好的PPT，打开手机上的计时器，尝试着讲上几遍，从"感谢主持人。各位专家学者，大家下午好！我向会议提交的论文题目是……"开始，同时在脑海里设想自己正坐在会议室里的发言席的场景。对，这就是我一直坚持的做法。只要时间精力允许，我总是要在会议发言之前做个大致的演练。这种演练可以在高铁座位、卧铺铺位、候机大厅和酒店房间里进行，而PPT的修改打磨也是同步进行的。这种演练的最大好处是帮我们及时发现问题、解决问题，从而获得自信，高质量地完成会议发言。

在演练中，有可能发现的问题包括：其一，PPT的内容或形式干扰了发言。这就需要通过修改PPT以适应我们的发言，让两者相匹配。其二，自己的发言时长显著短于规定时长，比如规定20分钟，演练时发现自己10分钟就讲完了。这样的话，我们就需要考虑在不打破发言结构（注意，这个结构不能变，结构化是会议发言的灵魂）的前提下，增加每一点的内容。一般而言，主要观点和研究结论才是发言的重点，因此在增加内容的时候，尽量在这两个部分增加内容。其三，自己的发言超时比较严重，或者每次演练都会超时。那就要压缩发言内容，把上一点的建议做反向处理。发言超时并不可取，你发言的内容不管有多重要，也没有重要到需要超时的程度。如果你的发言严重超时，甚至到了被主持人叫停的程度，那就只能说你的表现太不专业了。

最后需要提示的是，虽然我们在演练的时候还会打磨PPT，但是切记会议发言的重点在于发言本身，而不是PPT。打磨PPT的目的是希望它能更好地辅助发言，突出发言。发言是鲜花，PPT是绿叶，鲜花需要绿叶作陪衬，让它与发言相得益彰，为发言锦上添花，而不能让它画蛇添足、狗尾续貂，导致各种尴尬。再有，真正的掌控感来自我们对发言内容的熟悉，对论文研究领域的熟悉。否则，如果我们的发言像是在介绍别人的研究，而这项研究又非常陌生，那么就别指望发言会取得良好效果。

4. 没有不好的学术会议，只有不好的参会者

在前面这一部分中，我用会议报告人这一更具典型意义的角色定位来介绍参会攻略问题。然而这种介绍并不全面，而且就算是会议报告人，他在学术会议上的"有所得"也并不局限于会议发言。因此在本章最后的这一部分，我再把怎样"有所得"的这个问题展开讨论一下。

先来定个基调。现在，除了少数邀请制的闭门会议之外，我们参加学术会议的门槛非常低了，而且学术会议的召开也变得常态化。那么，参加这种常态化的学术会议，能否真的让我们做到"有所得"，从而提升自己的科研能力呢？其实这与会议本身是无关的，关键在于你对学术会议的选择，以及你参加会议（也包括参会之前和之后）的所思所想、所作所为。

准备一个非正式的自我介绍

这个自我介绍虽然是非正式的，但是一定要它当成规定动作、必选动作来认真准备。一个好的自我介绍，一般由提供关键信息、表明态度立场和增加个人识别度3个方面构成，然后在需要进行自我介绍的场合，根据特定场景和人物，拆分组合来加以使用。这里的关键信息可以包括姓名、学历背景、从师经历、过往业绩、研究兴趣、未来规划等；态度立场当然是非常珍惜这次难得的学习机会，收获非常大，要继续向各位前辈先生和专家学者虚心请教，请多关照之类的了。然后把个人特征用无伤大雅的风格化方式加以呈现，个人识别度也就出来了。比如我是"不会喝酒的内

蒙古人""初来乍到的老兵""终于找到组织的孤勇者""半路出家的贾老师"之类的。

相信你已经猜到这个非正式的自我介绍的作用了。对的，其实就是在茶歇、用餐等各种可以进行交流的场合，给与会者，尤其是你非常想结识的专家学者留下一个好印象，促成未来的合作。说者无意，听者有心。如果你能假装无意之间说出精心准备的自我介绍，那效果是非常好的。如果你能给圈内学者留下一个"正式的""专业的"的印象，这个印象也会在很大程度上影响你在圈内的生态位。

不打无准备之仗，善思考、多行动

一般而言，我们在参会之前就可以拿到会议手册。那么，我们就可以提前做做功课：在即将召开的这次会议上，会有哪些厉害人物来参会并做主旨发言？哪些专家学者的发言议题是你感兴趣的，他们的发言被安排在了上午还是下午，是在第三分论坛还是第五分论坛？哪位学者或期刊编辑是你非常想要结识的，他会在哪个分论坛上做会议发言人或主持人？你对哪位点评嘉宾的点评最期待，他在哪个分论坛？……这个问题清单我们可以列得很长，而一旦你注意到了这些问题，你这次参会"有所得"的基调就已经确定下来。而且在参会人员的名单里，你很可能会发现惊喜，"哇哦，我当年博士毕业答辩的答辩委员会主席也来参会啦！""我的师兄也来参会啦！"你瞧，利用开会的机会大家见个面、叙叙旧，实属幸事。

再有，有关自己最感兴趣议题的主旨发言或会议发言，可以录下来方便以后反复聆听；有关自己最感兴趣议题的PPT，也可以拍照留存。如果发言比较枯燥、缺乏营养，自己昏昏欲睡，也可以思考：如果我是点评嘉宾，一会儿我该如何做点评？如果一定要我给这位报告人提一个问题，我会怎样提问？你瞧，大家都在那里坐着听会，脑袋高速运转的你，收获肯定是别人的好多倍。

全面复盘参会经历，保持好奇

　　学术会议的结束并不意味着停车到站，而是预示着我们的科研成长之旅踏上了新征程。为了更好地前进，别忘记对这次参会经历做一下复盘。比如，你在会议上聆听到的那些重量级发言，是不是为你的科研工作提供了某种启发？你在会议上结识的那些专家学者，他的为人处世、性格特点、谈吐与情商怎么样？如果让你给他打分，你打多少分？他是否值得你经常联络，进而寻找合作科研的机会？如果有会议合影，可以拿出会议手册做个对照，看看那些重要的名字和合影里的人，你是否能够对上？这个学科专业或研究领域内的一线学者，有什么共同的特征和偏好？你能从他们身上学到什么？这个圈子的包容度怎样，是封闭的还是开放的？它的内部结构是科层制的、中心化的，还是扁平式的、去中心化的？是权威主导型，还是分散决策型的？然后，不管你的答案是什么，应该怎样接受这个圈子，适应这种状况？类似的问题你还可以提出很多，好奇心会驱使你在回味这次参会经历的同时，获得很多洞见。

　　当然，你如果觉得只是参加了一次稀松平常的学术会议，不值得下这么大的功夫去复盘？那也是没关系的，毕竟每个人的想法不同、追求不同，这个是不强求的。只是当你刚进圈子的时候，尤其是当你在可以预见的未来，都是要在这个圈子里求生存、谋发展的时候，这种复盘还是非常有价值的。

　　在我看来，入职高校/科研院所成为一名真正的科研人，不是从你走进教室给学生讲课，或者从你坐在办公室的格子间敲击电脑键盘开始的，而是从你第一次以职业身份参加学术会议开始的。参加学术会议，标志着你以科研工作者的职业身份进入了一个以学科专业/研究领域为分界的科研协作网络之中，而你真正意义上的科研工作，也从这里起步。从这种意义上讲，参加学术会议是科研人的"成人礼"，没有不好的学术会议，只有不好的参会者。

Chapter 7

第7章

晋升副教授就很了不起，干吗非要评教授？

当你顺利入职高校/科研院所，也有选择地参加了几场自己所在学科专业/研究领域的学术会议，那么恭喜你，你已经站在职称晋升这座高山的山脚之下。近年来，科研行业内部的学科专业属性正在淡化，多学科、跨领域，以应对问题、满足需求为导向的科研合作机制正在成为趋势。然而，科研系统却并没有因此而变得扁平，它的内部依然是一个由专业技术人员围绕职称晋升目标而形成的科层制结构。记得有一本自我成长类的畅销书叫《你当像鸟飞往你的山》。现在，我要带着你像鸟一样飞往你的山，以高校里的"教授职称评审"为例去领略一下这座山的风景。

1. 我是怎样（在第一次参评失利后）评上教授的

我想不出还有什么能比"晋升教授职称"更让广大科研人心驰神往的了。是的，不想当将军的士兵不是一个好士兵，在此前的从业经历里，我们几乎无时无刻不在期待这一天的到来。下面请允许我先讲述一下自己是怎样晋升教授职称的。

是的，我的第一次参评也失利了

说来奇怪，这些年我听过很多破格晋升教授的案例，却很少听说有谁第一次正常参评就顺利晋升教授的。我自己属于正常参评，然后也比较正常地没评上。

首先我有自知之明，不具备参评资格的话，我是肯定不会去参评的。事实上，不符合参评条件，想参评也参评不了，因为你懂的，大家都盯着呢，形式审查这一关还是非常严格的，不允许有人浑水摸鱼、滥竽充数。事实上，当年我参评的时候，除了任现职年限达标（任副教授满 5 年）、其他各项业绩达到基准条件（达到规定年均教学课时，评教成绩排名前 50%，发表至少一篇教学教改论文，继续教育学分达标等），在科研成果单项上（比如发表 CSSCI 期刊论文数量）是远超评审要求的。

不过，就算具备参评资格，我当年对自己能顺利晋升职称也是持怀疑态度的。除了前面说过的坊间传说"第一次参评必败"之外，我怀疑主要是基于如下考虑：一方面，我入职时间太短，还不到两年，而我入职的又是一个比较传统、"资历"的权重和影响力比较大的单位；另一方面，我又是在单位的非重点学科参评教授的，而非重点学科多一个或少一个教授，并不关乎单位核心利益。因此，这次失利基本是没什么悬念的。

实力 + 运气，第二次参评顺利晋升教授

话说转眼就到了第二年，这次我顺利晋升了教授。晋升归晋升，但是平心而论，我的业绩成果其实只比上一年增加了一篇 CSSCI 期刊论文而已，和上一年参评时的业绩没什么本质区别。所以这里的"第二次"参评，很可能让幸运的天平朝我倾斜了，同时我也的确得到了"贵人"相助——同属"大文科"的一个学院的院长是职称评审委员会的委员，他在会上替我说了句"公道话"，于是拨云见日，我得以顺利晋升教授。

当然个中细节我是过了很久才知道的，同时也深深为这位院长的"仗义执言"所感动。要知道，对于一个科研人的职业生涯而言，能具有全局性影响的，也就是那么关键几步。我非常庆幸自己在"晋升教授"的这样一个职业生涯关键节点上，遇到了这样一位贵人。他在会议上是这么说的：人家老踏的科研成果已经够评咱们三个文科教授的了，这次再不让他上，有点说不过去。

三点启示：我做对了什么？

其一，只要达到门槛，就不浪费迈过门槛的机会。反正我当年几乎是掐着表去看自己是否符合年限要求的，而职称评审条件是早在来到这所高校之初就了然于胸的。这样做的好处，就是至少不会因为自己而白白浪费每次有可能晋升的机会。

其二，努力做到直面现实、接受现实。第一次参评的时候，

其实我也有很多顾虑，但是，既然没有规定新来的就一定不能参评，那我就参评。就算失败，我也只接受现实中的失败，而不是自己想象中的失败。而且，如果没有第一次参评失利的事情，很可能我第二次参评还会失利，因为这时的第二年变成了第一年。

其三，说到底，实力才是你最好的运气。试想，如果我的任职业绩成果不够硬气，也就不会有人为我说话。就算我各种巴结讨巧、机关算尽，有人肯为我说话，也很难服众。而只要成果硬气，哪怕我换一个更好的平台依然可以直聘教授，这样的例子已经屡见不鲜了。

2. 稀缺带来"选择压"，"选择压"决定生态位

如果一个系统想要长期稳定存在，不至于因为熵增而变得混乱无序，那么它就一定是个开放系统，有一套吐故纳新、优胜劣汰的机制。如图 7-1 所示，科研系统就是一个开放系统，同时，它的内部是一个由专业技术人员围绕职称晋升的目标而形成的科层制结构。有了这样一个基本判断，站在开放系统和科层制结构的视野再来观察教授职称评审这回事，我们就能得出一些洞见。

图 7-1　教授评审的"基本盘"

稀缺：职称晋升的结构性约束

先说开放系统。正因为科研系统是一个开放系统，我们才有可能以及有必要去追求长期目标。否则，这个系统如果很快就会陷入混乱和无序的状态，我们就只能关注眼前，得过且过，没必要放眼未来了。这与"皮之不存，毛将焉附"是一样的道理。

再说科层制结构。可以把科研系统的内部结构想象成一座金字塔。它的基座足够大，能够容纳很多人进入系统。同时，它有非常清晰明确的晋升路线，以高校教师为例，从助教、讲师、副教授（很多高校会根据学历和业绩情况，直接将入职者内聘为讲师或副教授）一路高歌直到评上教授，层级一目了然，规则清晰明了。唯一的问题在于越往上走，金字塔的容积就越小，因此能够抵达塔尖的人也很少。不过不用太担心，爬到上面的人不会一直占据那个位置，因为"评聘分开""能上能下"正在成为高校教职的常态，而终身教授在任何一个高校都非常少见，就算是终身教授，他们也会退休。

好了，要点来了。教授是高校系统里社会声望度最高、薪资待遇最好的职位，所以几乎每个人都想当教授。同时，在任何一个高校系统里，教授的职位总是稀缺的，竞争也由此出现。好消息是，我们置身其中的这个科研系统及其结构天然就鼓励信奉长期主义的科研人按照规则进行有限竞争、实现有序晋升。稀缺构成教授职称评审的结构性约束，开放系统则让我们看到了希望。

稀缺带来"选择压"

想参评教授职称的人很多，而每个单位每年的教授名额就只有那么几个。这种稀缺带来的最直接后果，就是在科研工作者中制造一种"选择压"。"选择压"是进化论中的一个关于生物演化的概念，简单来讲，就是外界的环境在一个物种演化的特定方向上施加了压力。

比如，如果在一片森林里，树木枝丫上长得比较低的嫩叶都被食草动物给吃光了，那么只有那些脖子更长的长颈鹿才有机会吃到更高的嫩叶，从而有机会存活下来并把自己的长脖子基因传给下一代，这样经过一代代的繁衍，长颈鹿的脖子就会变得越来越长，成了现在的样子。再如，白天捕食遇到天敌的风险会比较大，所以那些视力比较好的猫头鹰选择在黑夜捕食，这些黑夜捕食的猫头鹰就获得了生存优势，从而有机会把自己的基因传给下一代，然后经过漫长的演化，猫头鹰就逐渐形成了在黑夜起飞捕食的习性。鼹鼠爪子的锋利、北美红杉的挺拔、蛇的冬眠、熊的杂食，都是由"选择压"带来的物种演化。

借用"选择压"的概念，从积极意义上看，教授名额的稀缺属性对整个科研工作者群体产生了"选择压"，促使行业从业者努力提升科研能力，产出科研成果。这种能力的提升和成果的产出，既有助于科研人的职业成长，也有助于整个行业的健康发展。这里的重点可能在于职称评审条件的设定是否科学，以及职称评审流程的公开、公平和公正。同时，这种选择压也是一种逆向筛选，让吐故纳新、优胜劣汰成为可能。

"选择压"决定生态位

面对科研行业内部的这种"选择压"，你将做何选择？延续前面进化论的类比，不管你做了怎样的选择，最终结果其实都是要找到自己的生态位。这里的生态位，通俗来讲，就是一个物种在其所生活的生态系统中所占据的特定位置和所扮演的角色。而生态位的形成，其实就是一个物种对外界环境在特定方向上施加压力所做出的反应、带来的结果。当然，如果某个物种没能接住外界环境的"选择压"，它将无法生存。恐龙就是一个典型的例子，由于恐龙无法应对小行星撞地球或火山持续猛烈喷发（这是关于恐龙灭绝原因的另一个假说）所带来的环境巨变，最终走向物种的灭绝。

还是从生态系统回到科研系统。我们作为科研工作者，应该没有"物种灭绝"的风险，但是这种类比的启示在于，我们也要努力应对"选择压"，找到自己的生态位，让自己得到更好的发展才行。于是问题来了，我们的生态位在哪里？或者说，我们该如何找到自己的生态位呢？

如果把答案限定在本章讨论的教授职称评审的议题之内，那么这个答案就是显而易见的：爬上金字塔的顶端，成为教授。而如果这个目标对于此刻的你来讲比较遥远，那么，这个有关生态位的寻找，就一定没有标准答案。虽然我们知道最终目标是成为教授，然而在实现这个目标之前，由于每个科研人都是不同的，各有各的特质和优势，所以大家寻找自己生态位的道路和方式也都是不同的，不存在一定之规，没有放之四海而皆准的办法。

比如，我在第一年参评教授失利之后，考虑到第二年的胜率也不大，就去做博士后了。而回顾我的职业生涯，做博士后的这三年，我迎来了自己科研能力的突飞猛进。我非常幸运，第二年顺利评上了教授，但其实就算没评上教授，三年博士后，已经让我找到自己的生态位。我知道自己不仅在这行业存活下来了，还会发展得更好。

3. 没有谁能命令一个人去评教授，除非他自己

关于怎样找到自己的生态位，答案是千人千面的，但这并不妨碍我们来讨论怎样做是找不到生态位的。这一节，我们来把不利于找到生态位的做法盘点一下。周濂有本书叫《你永远都无法叫醒一个装睡的人》，套用这个句式，你永远都无法命令一个不想评教授的人去评教授。面对"教授名额总是稀缺"所带来的"选择压"，有的人会陷入一种表面上很精明也很努力，实际上却是在装睡的状态。如图 7-2 所示，这种装睡的主要表现形式，一个是"伪选择"，一个是"假努力"。

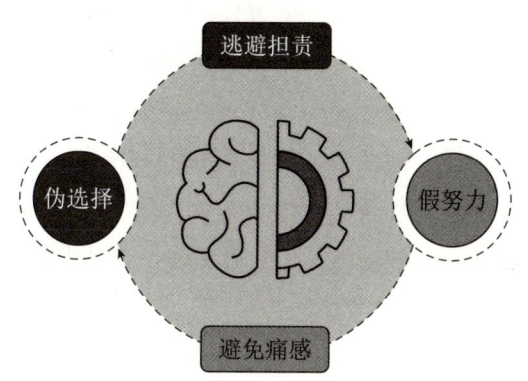

没有谁能叫醒一个装睡的人

图 7-2 装睡的两种表现形式："伪选择"与"假努力"

以"伪选择"来逃避担责

想给"伪选择"下一个定义似乎并不容易，但这并不妨碍我们理解它的内涵。相信看过我下面举的几个例子，你就知道这个概念在说什么了。

比如，你是选择在床上睡懒觉、沙发上睡懒觉、露营的帐篷

里睡懒觉，还是在飞往上海虹桥机场的飞机上睡懒觉？对此，我们可以做各种分析，前面提到的成本收益分析法又将派上用场。然而，如果你在这些选择之间权衡取舍并且乐此不疲，你就会忽略一个对你而言更重要的选项——不睡懒觉。再如，你是选择在抖音、快手、小红书上刷短视频，还是在网易云、QQ音乐上听歌，还是选择去鸟巢（国家体育场）、工体（北京工人体育场）看演唱会？其实，以上选择都属于娱乐，而你真正要做的选择是究竟要去娱乐，还是去工作。

这种忽略重要选项而在次要选项之间进行权衡算计的做法，就是"伪选择"。回到教授职称评审的议题，如果你经常在思考这门课我是开还是不开，这个研究生我是带还是不带，这个学术会议我是参加还是不参加，而不去思考明年的教授职称评审我是参加还是不参加，如果参加的话我现在要做哪些努力，那么，你就陷入了"伪选择"的状态。为什么我们常常在"伪选择"之间纠结，用"伪选择"代替真正的选择呢？因为我们执着于眼前的苟且，得过且过，而逃避对自己影响深远，以至于自己不想面对、不愿承担的责任——评上教授。

对我们的职业生涯而言，苟且总是局部的、眼前的、碎片化的，而教授职称评审是整体的、长期的、系统性的。前者总是容易，后者却太难，所以在很多人那里，不如用前者选择性遗忘后者。

以"假努力"来避免痛感

"伪选择"除了可以逃避责任之外，还有一个内在动机，那就是避免真选项带来的痛感。要知道，如果一个选项是百分百的好，另一个选项就是百分百的坏，那就不需要做选择了。真正的选择总意味着取舍和权衡，都有代价，是一定会带来痛感的。一旦看到真选项，你就要直面睡懒觉和不睡懒觉、娱乐和工作、苟且和奋进这两种选择之间的痛感。而为了避免痛感，很多人选择"假努力"。

不知你是否有过这样的经历：一个东西明明就放在家里的，等你需要用它时，却怎么都找不到了。一旦类似情况出现在科研工作中，你就要非常警惕了，因为这表明你在做着一种无效的努力，而只要这种努力无法服务于你"成为教授"的目标，它就是"假努力"。

还是以我自己为例。我在读博期间，经常会早早就跑到国家图书馆的门口去排队，然后去电子阅览室里下载一篇又一篇的论文，再去书库借阅一本又一本的文献，而无论是下载的论文还是借阅的文献，现在回过头看，其实就是为了"收藏"。我会把电子文献存储在U盘带回宿舍，然后转存到电脑的硬盘上；借出来的文献哪有时间阅读，大致翻几页做个筛选，也就拿到学校的打印店去复印了。等博士毕业的时候，我的电脑硬盘里已经存储了接近10 GB的论文，而我为了把复印出来的这些文献邮寄到家，还花了上千元的邮费。好了，问题来了，我很努力吗？不是的，我只是看上去很努力。本质上，我是在用下载论文、借阅文献、复印和邮寄文献的简单劳动，来逃避真正有助于我提升科研产出，写出一篇又一篇论文的痛感。更多的时候，我只是在享受一种"哇哦，我正在努力工作耶……"的快感。我是在用努力工作的行为艺术，来掩饰自己正在虚度时光、享受生活的真相。

同样，当你把查文献、听讲座、看论文、打探消息当成一种努力时，也会产生一种我正在朝评上教授职称而努力的错觉。只要你的努力没有实实在在地提高你评上教授的概率，你就是在"假努力"。

4. 别对科研人说他不懂放弃参评教授的代价

在前面的讨论中，我用生物进化中的"选择压"和生态位进行了类比，试图为理解科研行业的系统与结构提供一个分析框架。然而这种类比其实是存在缺陷的，那就是由于人类文明的发展和进步，对于我们来说，生态系统中的"选择压"已经消失了，即使我们没有特殊能力，找不到自己的生态位，也依然能存活下来。这也是为什么"佛系""躺平"这样的处世态度和方式可以成为一种选择。好了，把这个话题引向教授职称评审，既然竞争如此激烈，我是否可以选择放弃？

我想说的是，不要因为人类成为自然界物种竞争中的胜利者就沾沾自喜，物种层面的优势并不能均匀覆盖每一个个体，而个体层面的竞争也显然不会局限在能否活下来。如果把教授职称评审比作一座山，在你的全部职业生涯里，你爬与不爬，山都在那里；而与其一直背着这座山，不如爬上这座山。最终，哪怕你没能爬上这座山，爬山的行为也会赋予你的职业生涯以意义。

你以为的放弃，其实是在自欺欺人

如前所述，很多人用"伪选择"代替选择，用"假努力"代替努力，本质上是不想承担选择的责任，避免努力奋进的痛感。《闻香识女人》里有句经典台词，每每想起，心有戚戚焉："如今我来到人生的十字路口，我知道哪条路是对的，毫无例外，我一直知道，但我从来不走，为什么？因为……太苦了！"那么，是不是我们生活在"伪选择""假努力"的状态之下，或者索性不去选择、放弃了选择，就能超然于事外，获得自由？其实是不能的。就像萨特所说："你可以不选择，但不选择其实就是你选择了不选择。"放弃参加教授职称评审，看似不去选择，但在骨子里你只是选择了"不选择"这个选项，你依然在这个由不同选项构成的系统里。而只要这种科层制的结构不变，你就永远无法获得真正的自由。换句话说，当你置身系统之内，在本质上处于不自由状态之下去选择所谓的自由的时候，就只是在选择你的铁链的长短而已。

好了，我们能选择放弃吗？表面上是可以的，本质上却是不能的。只要身在此山中，想要做到大隐隐于市，享受岁月静好，其实是种妄念。除非你能离开这个系统（好在这是一个开放系统，的确可以离开），抛弃这个科层制结构，否则，你所标榜的放弃和不选择，都是在自欺欺人。

你的选择和努力远比结果重要

我迫切想把艾伯特-拉斯洛·巴拉巴西在《巴拉巴西成功定律》里介绍的一项研究结论告诉给你：那些刚好达到录取分数线而考上重点高中的学生，和那些仅仅因为一分之差而没能考取重点高中的学生，他们在三年后报考大学时的成绩没有任何可观测的差异；同样的情况也发生在考取名校和未被名校录取的学生那里，他们大学毕业后的成就，也没有任何可观测的差异。也就是说，对于不同学业阶段成绩正好跨线的两个人来说，他们的成就并没有区别。

这里的启示在于，勇于参评教授而惜败的人，和那些因为侥幸而成功晋升教授的人，在能力上其实是没有差别的，而这种无差别的能力，就使他们也能取得和教授一样的成就。但如果你选择放弃参评教授，那你和你的那位参评教授但惜败的同事在能力上就存在本质上的差别。别笑话这个惜败的人，别被"他这么努力不也和我一样,只是个副教授"的错觉蒙蔽了双眼。要知道,他和你是不一样的。他是有实力通过跳槽的方式直接获得特聘教授的职称并且取得科研成就的,而你呢,你不仅依然是个副教授,还是一个劣势越来越明显、就要失去聘用资格和相应薪酬待遇的副教授。

心理学上有个"达克效应",是说那些实际能力较差的人往往倾向于高估自己的能力,而能力强的人往往低估自己的能力。正是由于他们能力较差,能力差的人就没办法认识到自己能力差的事实。对此的一个真实案例是:有人没戴头套就去抢银行,甚至还朝摄像头笑了一下。等到当天下午警察抓到他的时候,他表示非常震惊:我明明在脸上涂了柠檬汁,你们是怎么看到我的?你瞧,用柠檬汁写信的话,是可以做到晾干之后就没有痕迹的,这是一个事实。但显然这个劫匪并不理解其中的道理,却拥有了抢银行的迷之自信。我们可不能成为这样的人。那种相信"他这么努力不也和我一样,只是个副教授"的想法的人和"我要是参加高考的话也能考上清华大学"的人一样的,他们都是妄人。

希望以上的讨论能够帮你做出参评教授的选择,坚定评上教授的决心,并为此做出实实在在的努力。那么,怎样才能提高自己顺利评上教授职称的胜率呢?你还需要拥有一支属于自己的科研团队,需要发论文、拿项目,鉴于"选择压"的存在,也许你还需要获得各级、各类学术成果奖项以及达到各种参评门槛的条件。这些,我们将在本书接下来的内容中逐一呈现。

Chapter 8

第8章

怎样拥有一支属于自己的科研团队？

一旦你投入到具体的科研工作之中，壮丽恢宏的职业生涯也就由此开启了。我想提醒你的一点是，有件事情越早提上议事日程，你就会越早受益，这件事情就是拥有一支属于你自己的科研团队。我们所从事的都是现代科研，它是讲究分工与协作的，散兵游勇、单打独斗式的"科研"只在两种情况下发生：一种是民科，即民间科学家；另一种是妄人，幻想真理掌握且只掌握在自己手里。我们是正规军，不是民科；我们是科研工作者，不是妄人。我们是在一个科研协作网络之中开展自己的科研工作的，而想在这个网络里成为重要节点，你需要一支自己的科研团队。

1. "草台班子"也要好过孤军奋战,早觉醒早受益

看到上面的说法你可能会有疑问,为什么我们不先介绍学术论文和科研项目,写论文、报项目不更接近科研人的工作日常吗?的确,论文和项目确实构成科研工作者最主要的工作任务,甚至也是检验科研工作绩效的重要指标,但知道工作的任务是什么和怎样完成这些任务,其实是两回事。只知道目标在哪里是不够的,你还得知道怎样抵达那里才行。拥有一支科研团队的好处在于,它可以帮你更好地开展工作,完成任务。

你以为的孤军奋战是有系统网络在支撑的

那个关起门来"憋大招"就能取得科研成果、获得社会声望的时代已经一去不复返,随机性的、偶发式的个体科研越来越让位于系统化、网络化的协作科研(见图8-1)。而那些自认为是在孤军奋战的科研选手,从其本质意义上看,所进行的也是系统化、网络化的协作科研。

必须承认,现在的科研基础设施实在是太便利了。这种便利性已经类似于空气,我们几乎不会注意到它的存在。要知道它并不是本来就该如此,也不是从来就是这样的。仅举一例。我读本科的时候,写毕业论文要查期刊论文,那就真的要跑到图书馆的现刊阅览室,找到纸质版的期刊然后逐页翻看。发现了有价值的论文,就只能手抄(是的,你没看错)。要知道,我们学校的整座图书馆就只有两台复印机,而且通常不是机器故障,就是前面

排着 30 米的等待复印的队伍。如果想要查上一年度以及之前的过刊，你就得提前预约，还经常会遇到"外借中"的局面。我是 1998 年大学毕业的，而中国期刊网（中国知网的前身）是到 1999 年才上线的。

系统化、网络化的协作科研
科研基础设施已经便利到我们感觉不到它的存在

01 中文学术资源
中国知网、国家哲学社会科学文献中心、万方数据、人民数据……

02 外文学术资源
Genesis、JSTOR、Springer Link、SAGE、Z-Library……

03 AI辅助科研
DeepSeek、Kimi、秘塔、Perplexity、SciSpace……

04 在线协作科研
赛博导师、云同行、外文发表润色服务……

图 8-1　我们置身于系统化、网络化的协作科研中

从我大学毕业到现在这 20 多年的时间里，情况已经发生根本性逆转。国内外各种在线学术资源简直铺天盖地、唾手可得，更不要说还有 DeepSeek、Kimi、秘塔、Perplexity、SciSpace 等眼花缭乱的 AI 工具了，简直是分分钟就覆盖了科研工作的方方面面。再有，现在想要找到一位"赛博导师"、找到一些"云同行"、加入一个在线学术社区的难度，基本就是敲几下键盘、点几下鼠标而已。哪怕上述内容并不是什么严格意义上的科研团队，但是这种"类团队"的支撑作用却是实实在在的。个人计算机时代的"小木虫论坛"，也曾陪我度过获批第一个国家社科基金项目这道曙光到来之前的漫漫黑夜。

你以为的"草台班子"正在改变这个世界

"一个篱笆三个桩,一个好汉三个帮。"如果你想做好科研工作,需要有意识地组建自己的科研团队,哪怕它在成立之初看起来像个"草台班子"。

还是说说我自己。在博士入学之后的相当长的时间里,我不仅没有意识到科研团队的重要性,甚至还把所有的功劳都记在自己的勤奋和天赋上。殊不知这种想法只是"达克效应"在我身上的体现,不仅毫无益处,还会让我在狂妄自大的道路上越走越远。然而事实和真相是:如果没有导师的引领和同门同届学友的帮扶,没有这个科研团队对我的支撑和扶助,我的勤奋和天赋简直就是个笑话。

单说导师的影响吧。虽然导师指导我们这些同学的风格比较洒脱和随性,整个在读期间我们甚至没有开过一次正式的组会,但是我相信导师在我们每个同学那里都留下了学术成长的深刻印记。以我为例,导师在第一次见面时对我说的那句"铺摊子不如深挖洞",如同座右铭一般贯穿我的整个学术生涯;而他时常引用的胡适的那句"大胆假设,小心求证"体现了研究学问的顶级智慧。那时的周末和节假日,我们经常去导师家里包饺子,饭后一边喝茶一边交谈,好不惬意。博二期末准备开题的那段时间,几乎每天傍晚,我都要和导师相约去学校旁边的公园一起散步交流。导师的学术视野开阔,理论学养丰厚,思维逻辑缜密,他的谆谆教诲不仅让我的开题、写作与答辩都非常顺利,而且奠定了我整个学术生涯的基调。我想说的是,哪怕是个"草台班子"都一定好于孤军奋战,更何况在我读博期间,能获得来自团队的如此宝贵的系统支持。

放眼科研领域，"草台班子"改变世界的例子更是层出不穷。农民出身的科学家如诺曼·博洛格，在美国经济大萧条时期不得不靠在城市打短工来维持生计，又因成绩不好未能考取大学。然而，他带领一帮十七八岁、骨瘦如柴的小伙子，从土壤保护工作开始，发起了一场"绿色革命"，不仅使印度和菲律宾等国家实现了粮食自给自足，还推动了20世纪60年代和70年代全球农业技术的革新。屠呦呦及其团队因在青蒿素研究中的重大贡献而获得诺贝尔生理学或医学奖，而该团队的核心研究成果是在20世纪60年代末70年代初，资金、设备和人才都面临短缺的科研环境下取得的。放眼创业圈，苹果、爱彼迎、特斯拉、腾讯……类似的例子就更是不胜枚举了。

2. 如果不能组建自己的团队，就先加入一个

之前我曾反复提及自己是个后知后觉的人。令人沮丧的是，我在保持这种状态方面一直做得比较成功。很难想象，在我去做博士后之前，或者是没有团队，或者是没有意识到团队对我的支持。而在我去做博士后，加入合作导师所带领的科研团队，并且开始意识到团队合作的重要性时，我已经在科研行业摸爬滚打整整12年了。好在只要开始就不晚，后知后觉总比毫无察觉好。我的建议是：如果你暂时无法组建自己的团队，那就先加入一个。

第一次参加组会让我有了团队的概念

其实我和同门一起在导师家里包饺子、喝茶，和导师交流讨论在本质上就是在开组会，只是我第一次听说"组会"这个词以及第一次去参加一个正式的组会，是在博士后阶段。

话说那天我办理完博士后进站手续，也拿到了宿舍钥匙，想着和导师打个招呼就先回去了——正值期末，还有考试阅卷等一系列收尾工作等着我去完成，原计划是下学期开学再正式脱产过来的。导师看到我的消息就直接打电话过来，问我现在忙不忙，不忙的话可以去参加他们的一个组会。我的第一反应是机会很难得，当即表示可以改签返程机票，然后就按照导师说的地址过去参会了。

于是我就有幸参加了自己有生以来的第一次组会。记得会议是在一个很小的会议室里进行的，导师先把我介绍给大家，也把当时已经到场的几位成员介绍给我。后来我才知道当时是有位学者张教授要顺路过来看望一下导师，导师就召集了组会，让大家一起交流一下。由于组会是临时召集的，所以参会的人不多，只有六七个人。然后这位张教授赶过来了，做了一个简短的学术分享，之后导师充当与谈人和张教授进行了交流，接着就是我们之间的自由交流，提问与回答。最后，导师总结了张教授的这项研究给我们的启示，也表达了期待以后能和张教授进行合作研究的意愿。

参加完这次组会，"原来科研还能这样做"的念头久久萦绕在我脑海，而导师把我介绍给大家的时候说的那句"欢迎于老师加入我们团队"也让我大受触动。团队？组会？合作？这些陌生而华丽的辞藻让我开始对下学期的博士后在站生活充满期待。

科研团队对于学术成长的两种赋能

在前面关于要不要去做个博士后的那个话题的讨论中，我把自己在博士后期间取得的科研业绩浓墨重彩地进行了描述。而我在那里没有说的是，科研团队对我学术成长的赋能。这种赋能，一个是直接的，直接促成了我的科研业绩的取得；另一个是间接的，间接导致了我坚定自己在博士后出站之后，也一定要组建属于自己的科研团队的信念。

必须承认，一个好的科研团队对于团队里的每位成员而言，都是一个强悍的支持系统。在合作导师的带领下，我们这个团队既分工明确、各司其职，又相互配合、共同进步。日常状态下，我们团队拥有自己的行政秘书（兼职）和财务秘书（专职），制定并执行常态化的例会制度，每周通报团队工作计划与任务，协调工作进展，还选出轮值主持人（召集人），组织开展常规性的读书会。除此之外，我们还有一些临时性的活动，比如承办学术会议、组织学术交流研讨活动（前面提及的我参加的第一次组会就属于这一类）、和导师一起（或被导师委派）外出调研或参会等。

通过上述活动，我们团队成员私下里也形成了比较密切的合作关系。我们经常会有自发的研讨和聚会，一起交流心得体会、吐槽惨淡现实、展望美好未来，成员之间也逐渐形成了在学术上相互协作、生活中彼此关心、心理上相互激励的良好氛围，进而把这种良好氛围上升到团队文化的高度。套用"铁打的营盘流水的兵"这句俗语，我们是铁打的团队文化、流水的团队成员，每个人都为团队贡献了自己的力量，也都从团队中汲取到营养，获得了自己的成长。博士后出站之后，我时常会回想起在站期间的种种经历，满心满眼都是美好的样子。

是的，这就是我极力推崇科研团队的原因。如果我们能在投身科研工作之初就拥有团队意识，就能加入一个团队，进而组建自己的团队，我们从事科研工作的效能会有非常大的提升。而如果我在投身科研行业之初就意识到这个问题，我现在就不会只是一个通过写作科研力来试图帮你实现职业跃迁的作者了，而是那个早已实现自身职业跃迁的人。

3. 团队合作是科研产出的放大器和校准仪

我在"你以为的孤军奋战是有系统网络在支撑"中所讨论的系统化、网络化的协作科研更多是作为一种基础设施而存在的，是用一种春风化雨、润物细无声的方式来支撑我们科研工作的。这种程度和方式的协作，严格来说并不属于团队合作。为了让团队合作充分发挥作用，我们得努力让这个团队从无形变得有形，从后台走上前台，我们得实实在在地拥有（至少先加入）一个团队。在我看来，好的团队合作会成为我们科研产出的放大器和校准仪。而要想做到这一点，就得让团队合作成为"好的团队合作"。

正是由于在博士后期间我感受到了团队合作的力量，当我跳槽来到新的工作单位之后，就开始积极布局和组建自己的科研团队。现在，我在组建和领导科研团队，促成团队合作方面总算摸索出一点经验。这一部分，我想结合个人经验，给你提出如下建议：形成关于"好的团队合作"的基础认知（见图 8-2），然后确保工作任务可以通过组会来落地执行。在我看来，这个建议是关于团队合作你至少要知道的事。

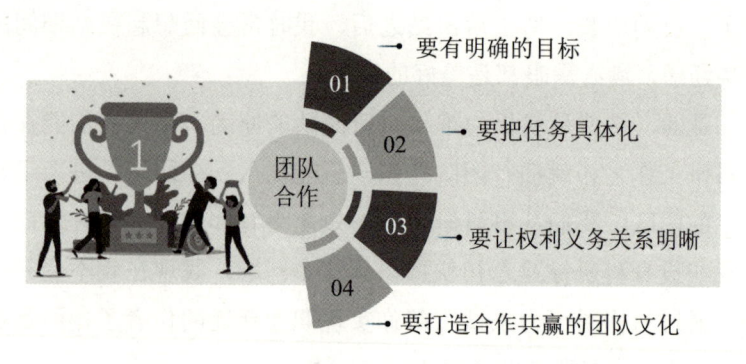

图 8-2　关于"好的团队合作"的 4 点认知

关于"好的团队合作"的 4 点基础认知

第一,要有明确的目标。没有明确的目标,团队就有名无实或者名存实亡,团队合作就只"合作了个寂寞"。以我的团队为例,我要发论文、拿项目,团队成员(我的学生们)要发表论文来达到毕业条件,完成毕业论文,顺利毕业。只有让这些目标协调一致,团队合作才可能发生。

第二,要把任务具体化。团队合作要有具体的任务,要把任务落实到人,并且设置明确的完成期限。关于任务如何落实,认领是一个不错的办法。与此同时还要注意跟进任务进展,打破信息差,对齐和校准任务。不把任务具体化,任务就成了房间里的大象,想想就很尴尬。

第三,要让权利义务关系明晰。权责不清、利益不明,早晚会出现"搭便车"的人和劣币驱逐良币的现象。情怀能成事只是一厢情愿的幻想而已,最终我们都得回到现实中来,面对现实利益分配来想问题、办事情。

第四,要打造合作共赢的团队文化。既然合作的主体是人,合作的内容是开展科研工作,单靠前面讲的目标、任务以及权利义务关系这些硬约束是不行的,还要有软氛围的营造。探索激励机制,提供情绪价值,以激发善意、鼓励为主,确保每位成员的价值都被看到并获得尊重。

关于用组会来落实科研任务的流程清单

团队合作的形式当然是多种多样的,但是有个共性环节无法绕开,那就是开组会。下面,让我以围绕一项课题来撰写发表系列论文的科研任务为例,给出一份用组会来落实任务、达成目标的流程清单。

第一，把这项课题的选题来源、基本情况、研究框架、重点难点、截止时间等内容给成员讲解清楚。打破信息差，做到信息共享、文献资料共享。

第二，围绕课题研究框架开列系列论文的题目和写作框架。逐一讲解每篇论文和课题的关系，以及每篇论文的主要观点、研究思路和预期结论。

第三，请团队成员在熟悉课题概况和系列论文基本情况的基础上，结合个人兴趣和时间精力情况，以"篇"为单位来认领自己的写作任务。

第四，定期（每周或隔周）召开组会，请每位成员逐一汇报各自的写作进展和遇到的问题，然后团队成员一起交流研讨，导师负责答疑以及在必要的情况下对课题研究方案（包括每篇论文的具体写作框架）进行微调。

第五，由导师对团队成员提交的初稿、二稿或三稿进行批注，及时反馈论文初稿、二稿或三稿的修改意见。发现共性问题时，及时提示团队其他成员。

第六，系列论文成熟一篇就定稿一篇，然后请相应的团队成员按目标期刊要求规范论文格式进行投稿。让每位成员都知道其他成员的工作进展。

第七，收到期刊返修意见，根据实际情况来决定是由导师修改还是指导团队成员进行修改，修改稿由团队成员留存共享，完成返修工作。

第八，论文见刊发表的消息要及时在组会上进行通报，视实际情况进行复盘和总结，庆祝和奖励。要在按时足额发放劳务费的同时制造偶尔的惊喜，惊喜包括但不限于聚餐、"得到"电子书或听书会员、Kimi 充值等。

第九，重复上面的第三至八条。

关于用组会来落实科研任务的"避坑"指南

还是以围绕一项课题来撰写发表系列论文的科研任务为例，来提供这份指南。比如，一定要在开工之初就让每位成员明确，论文中不能出现任何政治问题和意识形态问题；在引用马克思主义经典作家文献，以及党和国家重要文献的时候，确保引用内容在双引号之内，一个标点符号都不能错；反复提醒团队成员恪守学术伦理，论文的查重率（含 AI 查重率）必须控制在 15% 以内；确保团队成员在每次组会上所汇报的内容来自论文写作，而不是"我有个想法"，或者"我看到一篇文献"；要尽量避开有作者身份歧视的期刊，否则有可能遭遇论文被录用但论文二作被要求删去的情况；要在给团队成员提供论文修改意见之后，视实际工作量的大小而给出明确的返修时间，否则你再次见到论文修改稿的时间可能是下周，也可能是明年；等等。

看完本部分内容你也许会好奇我到底经历了什么。我想说的是，我经历了什么并不重要，这些有关团队合作的认知、这份流程清单和避坑指南才是真正重要的。它们并不完美，我和我的科研团队也在持续进化之中。我知道，任何一个团队都不可能一开局就成为好的团队，但是我们拥有能让团队变好的力量，那就是经验。好的团队合作是科研产出的放大器和校准仪，这一点不会变。你值得拥有一个不断变好的团队。

4. 别抱怨，这是你能拥有的最好团队

之前我们关于科研团队议题的讨论都是从主动积极的维度来

展开的，现在我们再来看下它的另一个维度，就算你习惯于孤军奋战，也从来没有考虑过要去布局和组建自己的科研团队，但科研做得久了，你也会在事实上拥有自己的团队。这个团队很可能是你被聘为硕士生导师或博士生导师的副产品。然后，当你接受了这个团队，打算带领团队大干一场的时候，会发现原来带领一个团队冲锋作战并不如你想象中完美。同样的事情也发生在积极主动的维度，也就是说，不管是主动组建还是被动拥有，这个科研团队都不可能一上手就成为好的团队。这一部分，我们来讨论一下如何看待自己科研团队的问题。

一个基本事实：没有完美的团队

刚才我们说过，任何一个团队都不可能一开始就成为好的团队。比如，你从未想过这个团队里有的成员连"确保每句话都通顺""写论文是需要加引注和参考文献的""中文论文要用中文标点符号"都不清楚，另外还有成员信誓旦旦告诉你明天就发论文初稿过来，但直到三个月之后还没有消息。你以为自己终于拥有了"复仇者联盟"，打算华山论剑，到头来却不得不接受自己带领的只是一个"草台班子"，在地沟里火拼的事实。

所以我想提醒你的一点是，从孤军奋战到团队作战只是科研工作模式的切换，并不会立刻就带来科研成果的爆发。那么，是不是我们前面讨论的关于"'草台班子'也要好过孤军奋战"的观点是错误的呢？说了半天，也不过只是画了一张大饼？不是的。要知道，这种切换有点类似于汽车替代马车。这种替代具有必然性，这是时代大势、不可阻挡，长期来看会带来科研工作绩效的大规模提升；同时要看到，汽车在刚出现的时候也有各种槽点，噪声大、速度慢、价格贵还非常笨重，不仅操控难度大还抖动得厉害，动不动就抛锚。然而后面的事情我们都很清楚——汽车最终替代了马车。以团队协作的方式开展科研，就是比孤军奋战契合现代科研的规律和特点，它代表着趋势和未来。哪怕眼前会有阵痛，我们也一定要往前走。

怎样面对科研团队的不完美？

先找原因。梁宁老师说过一句话："别抱怨你的团队，这是你能拥有的最好团队。"当你抱怨团队的时候，要先问问自己：为什么你领导的团队会是现在的这一支？是你招募成员的眼光不行，还是你所在的平台，导致你能招募到的成员的平均水准就只能是这个样子？显然，不管原因是哪一个，原因都只能是：你不行。因此，抱怨这个团队是没有意义的，你得先让自己强大起来，才配得上一支更好的团队。

再说心法。斯多葛主义关于"安宁"的讨论，对我很有启发。安宁不是排斥一切情感，而只是排斥负面的、消极的情绪，比如抱怨、愤怒、恐惧、悲伤，诸如此类。要知道，你的抱怨并不能拯救你的团队，而只能让情况变得更糟。打个比方：如果坏天气影响了你的行军速度，打骂士兵是没用的，弄不好他们揭竿而起，你连自己的小命都不保。怎么办？接受坏天气，然后基于现实想办法努力减少由行军速度放缓所带来的损失。有没有办法提速？确实没有的话，有没有可能让这支队伍在坏天气里得到更多的锻炼和成长？

和团队成员协同进化。我在《教师力：教学、科研和终身成长》那本书里专门谈到了怎样带团队，这里仅作原则性的讨论。首先，要始终相信成长的力量，相信你的团队成员正在成长，这是最重要的事。其次，要多去想想自己能为这个团队做什么，而不是总想着能从团队成员那里获得什么。最后,如果你想让团队成员跟上你的节奏,至少你得走在他们前面才行。如果你已经"躺平",就别指望这个团队能给你带来科研绩效的提高。事实上,你要和你的团队成员协同进化,并且始终成为团队中的那个最具建设性和开拓精神的人。

这么多年过去了。至少,我已经拥有一支正在变得越来越好的团队。

Chapter 9

第9章

论文发表如此之难，究竟该怎么办？

相信很多人跟我一样，进入科研行业所取得的第一项科研成果，就是一篇公开发表的论文。这里包含两层意思：一是要写出论文，二是要把写出来的论文公开发表。我们科研人遇到的一个瓶颈在于，好期刊的数量总是有限的，而好期刊的版面更加紧张，就算我们可以写出论文，也不容易发表见刊。而没有发表的论文，甚至虽然发表但没有发在规定级别或规定名录的期刊上的论文，是无法被认定为科研成果的。好了，现实约束就这么明晃晃地摆在眼前，我们该怎么办？这就是这一章我想和你讨论的问题。

1. 论文投稿，所有"不正常"其实都是常态

本着豁出自己、启发读者的原则，我把自己近年来遭遇的"不正常"投稿经历说一下。相信我的这些经历会让你对"论文发表之难"形成一个非常直观的印象。然而这都不是重点。重点在于，我所遭遇的所有"不正常"，其实都是论文投稿发表过程中的常态。

先说几个 CSSCI 期刊的投稿经历

最该说的，就是我从事科研工作 20 年来，距离本专业权威期刊录用发表最近的这次投稿了。从投稿到得知退稿的时间线是这样的：前一年 9 月下旬投稿，12 月中旬收到返修意见，一周后把修改稿返回编辑部；我在转过年来的 2 月中旬咨询审稿进展，一周后编辑回复消息称再等等；3 月中旬收到清样校对与引文核查通知，3 月下旬把校对过的清样和引文的文献原文出处截图打包返回编辑部，编辑回复消息称等待排期；等到 5 月下旬，看到该期刊最新一期发表的论文中没有自己这一篇，就向编辑咨询情况，得到的答复是"您没收到退稿通知吗？我们请了一位专家审读论文，认为不适合在本刊发表"，于是就没有然后了。

还有一个 CSSCI 期刊，在接近 4 年的时间里我先后投过去 5 篇论文，最后都没能发表。时间线是这样的（希望我能说清楚）：A 论文在大前年的 11 月中旬投稿，11 月下旬收到返修意见，要求删去第二作者署名；12 月上旬把返修稿返回编辑部，12 月下旬收到清样校对通知，得知论文排期，返回校对好的清样；前年 3

月接到编辑电话说十分抱歉，主编要求退稿，于是退稿。B 论文在前年的 10 月下旬投稿，11 月下旬收到返修意见，按要求修改论文，把返修稿返回编辑部；12 月上旬得知在选题会上被要求删去第二作者署名，我和论文二作沟通后认为无法接受，于是撤稿。C 论文在前年的 12 月下旬投稿，其间多次询问审稿进展，去年 4 月中旬终于得知退稿。D 论文在去年的 10 月下旬投稿，认为不符合栏目设置的选题要求，退稿。E 论文在去年的 12 月下旬投稿，其间多次询问审稿进展，终于在今年的 6 月中旬得知查重率偏高，退稿。

再来，还有一个 CSSCI 期刊，希望我能说清时间线。我是在前年的 3 月下旬投稿的，一周后收到返修意见，预计会在去年第 1 期发表。于是按要求修改论文，把返修稿返回编辑部。后来看到该期刊去年第 1 期发表的论文中没有自己这一篇，就向编辑咨询情况，编辑回复说看看当年的第 3 期或者第 4 期能否发表。到了去年的 3 月下旬突然收到退稿意见，编辑说又把论文送了外审，评审意见不理想，只能退稿（等于一整年的时间，就这么浪费掉了）。于是不甘心，顺势将另一篇论文投稿过去，4 月下旬收到返修意见。按要求修改论文，把返修稿返回编辑部。5 月下旬又收到复审意见，继续按要求修改后，把返修稿返回编辑部。随后编辑告知录用，但表示去年当年的各期论文已经排满，只能等待排期。于是等到今年的 1 月中旬，咨询排期情况，编辑回复说争取排在第 3 期。5 月上旬编辑又发来消息，由于选题策划有变动，我的论文大概要在第 5 期刊发。6 月下旬开始，陆续收到两次清样校对要求，按要求校对清样，返回编辑部。到本书写作的 8 月，依然在等待排期中。

再说两个其他期刊的投稿经历

如果你认为上面我所遭遇的这些"不正常"是投稿权威或 CSSCI 期刊的缘故，那么对不起，还真不是。

仅举两个例子：一个大学学报（普通期刊）的主编经由同行好友推荐找到我，说他们期刊要冲击 CSSCI 期刊，向我诚挚约稿。碍于情面，我就给这位主编发过去一篇论文，对方很快就礼貌拒绝了，理由是毕竟要去冲击 CSSCI 期刊，所以对论文质量要求比较高。后来我又发过去一篇，等了快两个月，询问审稿进展，果然，又被退稿了。本来也无所谓，结果这位主编又来约稿了，还给我发了他们期刊当期发表的两篇约稿论文。我这脾气就上来了，我还不信在你们期刊发不了论文了呢，于是又投过去压箱底的一篇宝贝论文。结果这篇论文就一直没有消息，过了快 3 个月了忍不住去咨询，主编说实在抱歉，期末工作太忙了，您的大作还是退稿。

还有一个 AMI 核心期刊的副主编是在我外出参会的时候认识的，彼此加了微信。后来就投过去一篇论文，经过审稿决定录用的过程倒还挺快的，也就是一个多月吧，我的这篇论文的责任编辑加过来了。我以为已尘埃落定，后来才发现这只是开始，而且是站在一场马拉松比赛的起点。这个期刊的审稿/返修流程是：只要任何一位审稿专家有修改意见，都要求作者返修，而只要作者返修了论文，就要重新找专家进行评审，有点类似于听歌的"单曲循环播放"模式。最后我的论文终于到了主编手里，又提出了连一个标点符号都不会放过的详细修改意见，要求返修。最后，我的论文从一万六千字被压缩到九千多字，前后修改打磨不下 20 次，终于发表。于是我暗暗发誓，这个期刊我在有生之年是绝对不会再去投稿了。

一个事实：论文发表的难度正在增加

虽然写了这么多"不正常"，但这只是我全部"不正常"的投稿经历里的冰山一角，只是一个"精选"。而且有理由相信，只要我还在科研行业，还要继续投稿，那么这种"不正常"就会一直延续下去。那么，这是不是意味着我比较倒霉，我的运气不好呢？其实不是，因为上面所有的"不正常"只是我的一厢情愿，我并不特殊，这个世界没必要动用全部魔法来打击我。事实上，这个世界根本不在乎我，也没有义务为了我的好运或霉运而去处心积虑。

好吧，让我说出事情的真相：这只是说明论文发表的难度正在增加。10 年前，当我还是一所省属重点大学的副教授、硕士生导师的时候，我的论文投稿发表经历都是正常的。现在，10 年过去了，我已经是一所全国重点大学的教授、博士生导师，我的论文投稿发表经历反而变得"不正常"。想想看，问题出在哪里？出现这么多"不正常"的原因只能是，我以为的"不正常"已经成为现在的常态。而我 10 年前所经历的那些让我以为的正常经历——投稿，然后或者直接录用见刊发表，或者退稿（包括审稿周期结束，没有收到录用通知而默认为退稿）——反而成了不正常。

我不想再玩这个"正常"与"不正常"的语言游戏了，还是回到现实：论文发表的难度正在增加，而且在可以预见的未来，论文发表的难度还会继续增加。这就是我们置身其中的这个科研生态的一个小小侧面。希望这个小小侧面能让你清楚意识到自己正置身于一个怎样的领域，以及自己将要面临的是什么。

2. "质量为王"是论文发表的"第一性原理"

论文发表难度正在增加的这个现实，也许会让最积极向上、乐观开朗的你逐渐收敛笑容，好在问题的关键从来就不在于现实是什么，而在于我们如何面对现实。

面对现实：写出高质量论文才是破局之道

在我看来，既然论文发表的难度增加是一个客观事实，那我们就先接受它好了。而一旦接受，我们也自然就开始想办法寻求破局之道了。我能想到的，也是我们每个人最有把握控制的破局方式，就是写出高质量的论文，是谓"质量为王"。

这个道理其实非常好理解。不管论文发表的难度有多大，既然学术期刊还存在，既然学术期刊还接受作者的投稿，那么高质量的论文就一定有机会发表。高质量论文的发表既符合期刊的利益，也符合作者的利益。而把高质量的论文投稿到高级别的期刊，有助于实现作者和期刊的双赢。好了，一旦想清楚这一点，接下来的问题就变得非常明确了，那就是怎样写出高质量的论文。

还记得本书第2章有关申博/考博是个"简单问题"的讨论吗？写出高质量的论文，其实也是一个简单问题。下面，请允许我结合多年来的论文写作实践以及指导和评阅学生或期刊投稿作者论文的经验，给你提供一份高质量的（中文社科）论文写作与修改的自查清单，希望对你有启发。关于论文写作与投稿更为详细的讨论，也可以去看我的另一本书《即学即用社科论文写作技巧与发表指引》。

一份高质量学术论文的写作与修改自查清单

第一，选题。

选题是最重要的。如果选题没有价值，你为写论文而付出的所有努力都会竹篮打水一场空。一篇论文选题的好与不好，不能凭感觉，要通过数据验证，要借助文献数据库检索。选题好的基础是"立得住"。做不到这一点，就别着急落笔成文，否则容易落笔千言，离题万里。不管研究设计多花哨，研究方法多新颖，关键概念多时髦……不写"论证常识"的论文，是一个学者的底线。

文献数据库检索的时候，看重质量而不要看重数量，重点检索 CSSCI 期刊论文发表情况。尝试变换不同的检索词，用不同的检索词进行组合检索，实实在在地去了解研究现状，别有侥幸心理，别假装努力，更别幻想能"填补空白"。

高度相关的 CSSCI 期刊论文数量少于 10 篇，或者多于百篇（这里的数字仅供参考，需要具体问题具体分析），则需要更为慎重地思考选题的价值问题。少于 10 篇，重点思考这个议题是否值得做研究；多于百篇，重点思考我的研究是否能够做出增量。

第二，题目（包括正标题和副标题）、摘要和关键词。

正标题一定要让研究对象（核心议题）做主语，最好能控制在 20 个字以内。正标题中的学术专有名词最好能控制在 3 个以内。比较而言，副标题是辅助性的、解释性的、扩展性的，以及用来划定研究对象（核心议题）的讨论边界的，而不是用来摆谱的、"秀肌肉"的，任何想要通过副标题来证明"我很懂"的努力，都是徒劳的甚至是负向的。正副标题要彼此协调、相互配合，形成一个整体、一个系统，做到逻辑自洽。

摘要的核心内容要呈现这篇论文的主要观点和研究结论。摘要中可以呈现研究背景、研究方法、研究案例，是否真的呈现，要视具体情况来定。摘要中不要对论文研究的价值进行评价,这是未来读者该做的事情,不要越俎代庖。摘要不要做研究现状的分析点评,不必呈现研究的思路,更不必表明我有多爱这个研究议题。

关键词都是名词,都是名词,都是名词(重要的事情说三遍)。关键词最好是学术专有名词,以及作为学术专有名词出现的其他词。关键词选取3~5个,按与研究议题的亲疏远近关系排序,越亲越近,越靠前排序。

想象自己是编辑、外审专家或者读者,然后看看我们能否通过阅读题目、摘要和关键词,完整、准确、清晰地理解把握论文的立论、观点和研究结论,形成和论文正文内容相匹配的阅读预期。能的话,就是好的题目、摘要和关键词;不能的话,就还要继续打磨和提升。

第三,正文(侧重于行文的具体内容)。

确保正确使用每个标点符号,没有错别字,每句话都通顺。主谓宾定状补都在它们该在的地方,消灭病句。尽量用短句来展开行文和表述,尽量不用或者少用复合句、长句。尽量做到没有废话,文章中的每句话都有它存在的价值(是除了凑字数之外的价值)。

尽量让每个段落的第一句话概括这个段落的中心思想。尽量让每个段落的最后一句话总结这个段落(或者这部分的几个段落)的主要观点。不要用引文作为段落的开头或者结尾。

删去一切不必要的"的""了""着",删去一切不必要的抒情之句,删去一切不必要的形容词。除非研究内容中涉及口语,是对口语展开的研究,否则在行文中尽量避免口语化表述。

第四，正文（侧重于大小标题与起承转合）。

正文中的三级标题序号与格式，一般而言是（不加双引号和省略号）：一级标题"一、二、三、……"，二级标题"（一）（二）（三）……"，三级标题"1.2.3.……"。或者，标题序号与格式和投稿目标期刊的要求相一致。正文中确需出现二级标题、三级标题的时候，再加上二级标题、三级标题（尤其是三级标题）。正文中的各级标题都应该是独立成段的，标题结束后不需要加标点符号（除非是问号，也比较罕见），下文要另起一个段落。

段落之中的分点陈述，可以采用的格式与形式有（不加双引号和省略号）："第一，第二，第三，……""一方面，另一方面，总之，……""其一，其二，其三，……""首先，其次，再次，最后，……"。注意，这些是段落之中的分点陈述格式与形式，不能作为独段标题的格式与形式。

各级标题都要传递信息和观点，不传递信息、不呈现观点的标题不是好标题。上下级标题之间要视具体情况来决定是否需要加上一个或多个段落。以我个人的写作偏好，加一个段落为宜。不加的话会显得生硬，而加多个段落的话会显得零散、拖沓。

如果加上一个或多个段落，那么要明确这个或这些段落主要发挥的是起承转合的功能，是过渡段，要总结前文，引出下文。起承转合的段落不要做画蛇添足、节外生枝的事情，否则就是半路杀出一个程咬金，成为来捣乱的了。

第五，引用、注释和参考文献。

只要能用直引（引文内容在文章中用双引号明确强调，一字不多，一字不少）的地方，就不要用转述（用自己的话复述引文观点，不加双引号）。马克思主义经典作家，党和国家重要领导人的重要论述，党和国家的重要文献与政策文本，只能直引，不能转述。不论是直引还是转述，要做到"逢引必注"。也就是只要是引用了他人的观点、结论、数据、资料……一句话，只要不是本文作者的原创，就一定注明来源与出处。哪怕是受到了他人的启发和点拨，也要明确指出他人的贡献并致谢。

要正确区分注释和参考文献。注释是解释说明性的，分为不得不说、不能不说以及提供平行文本；参考文献则是在文中有明确直引或转述内容的时候，需要注明。注释不是一篇论文的必选项，而只是可选项。也就是说，一篇论文可以没有注释。参考文献不是一篇论文的可选项，而是必选项。也就是说，一篇论文必须有参考文献。没在文中明确直引或转述的，就不要"霸王硬上弓"，非得列出所谓的参考文献。

参考文献的格式要严格按投稿目标期刊的要求，不能有信息缺项。就算还没锁定投稿目标期刊，也要做到全部参考文献的格式统一，没有信息缺项。参考文献，要尽量包含反映该研究领域最新进展的文献。尽量选取权威的参考文献。期刊论文，最好选取CSSCI期刊及以上的；专著，最好选取国家级出版社，业内公认"高大上"出版社出版的；尽量避开学位论文；尽量不选缺乏公信力的出处的文献（数据、资料）。

总之，我的体会是，好文章是改出来的。一篇论文，如果你能静下心来死磕，结结实实改上它三稿，质量都会有质的提升。一定要意识到这个问题，越早意识到这个问题就越早受益：从事科研工作，我们迟早要走上"以质量求生存"的道路，而越早"上道儿"，路越宽广。

3. 与其抱怨宏观，不如在"能力圈"内努力改变微观

在前面的内容中，我们讨论了论文发表正在变难的现实，也给出了提高论文质量，写出高质量论文的破局之道，但是很多人可能还是会纠结一个问题，那就是为什么现在的论文发表变得如此之难了呢。我想在这里给出个人的一些思考，供你参考。再有，其实从一个"躬身入局"者（也就是关注于做事的人）的视角来看，知道一个事情"为什么"，远不如知道一个事情"怎么办"来得重要，也只有实践才能淡化我们的庸人自扰。如图 9-1 所示，我先给出讨论这个问题的思考框架，再来对这个问题进行分析——理解宏观不如改变微观，追问为什么，不如思考怎么办。

只有实践才能淡化我们的庸人自扰

理解宏观	改变微观	为什么？	怎么办？
宏观是我们必须接受的	微观才是可以有所作为的	因果关系不能理解宏观	通过行动能够改变微观

图 9-1 "论文发表为何如此之难"的思考框架

理解宏观：论文发表为什么会变难？

从学术期刊的数量和发表论文的总量上讲，截至 2024 年 8 月，中国学术期刊数据库（COJ）收录 8500 余种期刊，其中包含北京大学、中国科学技术信息研究所、中国科学院文献情报中心、南京大学、中国社会科学院历年收录的核心期刊 3300 余种，年增

论文约 300 万篇，涵盖自然科学、工程技术、医药卫生、农业科学、哲学政法、社会科学、科教文艺等各个学科。中国知网（CNKI）学术期刊库收录的中文学术期刊有 8470 余种，其中含北大核心期刊 1970 余种。如果把统计口径放大到全世界，中国科协课题成果《科技期刊世界影响力指数（WJCI）报告》（2023 版）从全球正在出版的 6 万余种"科技学术期刊"中精选 1.5 万种作为统计源；科技部 2022 年 5 月发布的《2020 年中国科技论文统计分析》显示，2020 年我国发表 SCI 论文 55.3 万篇。

虽然以上数据的统计口径有所不同，在截止时间上也有很大出入，但是我们可以初步形成一个模糊正确的判断：全球学术期刊的规模要远超 6 万种，而我国每年的论文发表数量要远超 355.3 万篇。

我们再来看一下我国科研人员的数量。根据科技部 2023 年 12 月 15 日发布的《中国科技人才发展报告（2022）》，我国研发人员全时当量为 635.4 万人年。由此，一个比较粗糙的初步判断是，我国科研人员的年人均发表论文数量为 0.56 篇。如果再考虑到这个除法算式中的分母（学术期刊发表论文数量）还有扩大基数的巨大空间，比如，国内还有一些未被各类学术期刊数据库收录的期刊，国际上还有很多不在 6 万余种"科技学术期刊"范畴的期刊，以及还有相当多的未被 SCI 检索收录的期刊……这么算下来，想必我国科研人员的年人均发表论文数量还有很大提升空间。

好了，如此分析下来，得出的结论似乎并不能支持论文发表正在变难的观点。那么问题究竟出在哪里呢？个人认为，最主要的问题来自我们的科研评价指标体系——科研人员的论文发表压力并不是发不了论文，而是难以在科研评价指标体系所要求的范围之内发表论文。不论是评职称、聘研究生导师还是参选各级各类人才奖励、成果奖励项目，只要是带有选拔和竞争性质的资源分配，国内来看，就是看北大核心期刊、CSSCI 期刊，甚至只是看其中的一部分期刊；国际来看，就是看 EI 期刊、SCI 期刊、SSCI 期刊、A&HCI 期刊，而且要在影响因子和分区上进行各种限定。所以，随着分母基数的断崖式下降，论文发表的整体形势也就陡然变得严峻。不是期刊的版面不够用，而是要把有限的科研资源在需要它的基数庞大的科研工作者群体中进行分配，就只能设置各种门槛。资源越有限，群体规模越大，门槛就越高。

改变微观：我们至少有能力做好"形式规范"

面对这样的局面，我们该怎么办？这就不得不拿出查理·芒格的金句了："宏观是我们必须接受的，微观才是我们可以有所作为的。"如果你致力于改变宏观，那我敬你是条汉子，也衷心祝你能达成所愿，这绝对是造福广大科研人的伟大壮举；如果你像接受芒格这句话一样接受了宏观，那么我们就该聚焦微观，看看我们能做什么。

在这方面，恰好芒格的合作伙伴巴菲特也说过一个金句："在投资方面我们之所以做得非常成功，是因为我们全神贯注于寻找我们可以轻松跨越的 1 英尺栏杆，而避开那些我们没有能力跨越的 7 英尺栏杆。"他的这个观点，被投资界称为"能力圈"。这个金句强调了明确和坚守自己能力圈的重要性，体现了巴菲特只在自己熟悉和理解的领域之内进行投资决策的智慧。那么，这种"能力圈"的思维方式对我们科研人应对论文发表正在变难的现实有没有启发呢？我认为是有的，那就是：找到我们可以轻松跨越的"1英尺栏杆"，也就是自己最为熟悉和理解的领域，然后专注于这个领域，只在这个领域之内深耕。

回想起来，在我发表第一篇CSSCI期刊论文之后，我所从事的，就一直都是民族政治学的基础理论研究，而我研究的内容概括来讲，就是多民族国家中的民族政治与公共政策。现在，如果你也想破局，想写出并发表一篇又一篇高质量论文，除了参考前面的"一份高质量学术论文的写作与修改自查清单"之外，更重要的是找到并聚焦在自己的"能力圈"。

如果找到自己熟悉和理解的领域还需要有个过程，至少下面这个事情肯定是在你的能力范围之内，你现在就可以做起来。这个事情就是在你进行论文写作的时候，努力做到形式规范。要知道，能审读我们投稿论文的那些人，都是多年从事学术写作，并且在各自研究领域取得足以让他成为评审专家的成绩的人。这样的人，多多少少都会有那么一点文字上的洁癖，他们会非常不情愿在自己的审读过程中看到错别字、词不达意、搭配不当、句子不通顺、关键表述不一致、同一级标题采用不同的序号格式或字体字号……相信我，他们很难接受这些状况。如果我们写作内容的质量不高，那只是能力问题；可如果我们连最基本的形式规范都做不好，就很可能被怀疑是态度问题。而一旦连态度都被质疑，后果可想而知——谁愿意为一个连态度都不端正的论文投稿作者投赞同票呢？

如果你觉得论文发表太难，可以先从论文写作的形式规范做起，再逐渐找到并聚焦在自己擅长的研究领域不断深耕。当你这么做的时候，论文发表也许还是会很难（想想我的投稿经历），但你终究会找到一条确定无疑的、可以达成目标的康庄大道。

4. 慢慢来比较快，捷径是发表论文最远的路

以上关于论文发表如此之难以及如何破局的讨论里，我刻意回避了一个问题，那就是"走捷径"。比如，我们都能看到的，各种论文中介满天飞，简直无孔不入，以及我们都能想到的"关系稿"。因此，我想在这一章的最后做一点关于"走捷径"的提示：慢慢来比较快，捷径是发表论文最远的路。

"走捷径"的两个代价

我们当然得承认，因为有了"捷径"的存在，规则被改变了。以前在理论上，我们的论文只要达到期刊用稿的平均质量，就有机会刊发。于是，大家都在"论文质量"这个单一维度上展开竞争。现在，中介稿和"关系稿"进场了，于是规则被改变了，变成在达到平均质量（甚至无法达到平均质量）的论文之中，优先发表他们的。他们的出现让这场竞争凭空增加两个维度：一个是关系，一个是钱。

更为恶劣的是，当我们正常渠道投稿论文的版面被挤压之后，为了发表，很多人也加入走捷径的队伍，然后正常渠道的版面被进一步压缩。而中介呢，他们占有的版面份额越大，溢价能力就越强，走捷径的人所要付出的成本也越高。注意，走捷径的第一个代价已经开始出现。

更可悲的是，我们是"散户"，很难组织起来抵制中介机构。于是规则被改变的又一个后果也显现出来，那就是它败坏了"散户"对于规则的信心，纷纷决定铤而走险。这下好了，在极少数的"李逵"之外，市场上涌现出数量众多的"李鬼"。这就是客户激增的结果。想走捷径的人越多，就会冒出来越多的"李鬼"——

走捷径的另一个代价随之出现。

清算来临的那天，你想出现在哪一边？

面对这种局面，如果你觉得自己的分辨能力足够强大，能够识别"李逵"和"李鬼"，或者关系过硬，那么索性也去走个捷径，找中介、托关系，行不行？答案是不行。别忘了这个游戏是不可持续的，而一旦游戏结束，你就要为自己之前走过的每一步付出代价。如果你找了中介、找了关系，那么试想，等到清算来临的时候，你怎么办？

总之，捷径破坏规则，而规则被破坏的游戏是无法持续的，势必引发清算。清算一旦来临，走捷径的人是一定会出局的。最稳妥的方法，就是通过稳定的、持续的高质量论文产出，让自己成为那个被各大学术期刊竞相约稿的人。这是一条虽然漫长但却无比正确的路。日拱一卒，功不唐捐，不管多么远大的目标也迟早会进入你的射程。到那时，你会对自己每一篇论文的质量负责，做到能通吃而不去通吃，懂分寸、知进退，岂不快哉？

Chapter 10
第10章

听说竞争很激烈，项目课题要不要申报？

对于科研人而言，除了"发论文"之外，另外一项常规操作就是申报大大小小、各级各类的科研项目了，是谓"拿项目"。毫不意外，正如前文讨论的论文发表难度正在增加那样，获批立项各级各类科研项目的难度也在持续加大。受到查理·芒格有关面对宏观与微观的方法论的启发，我们就不去探究导致这种局面的宏观原因了，而只聚焦在微观，一起来看看，我们该怎么想、怎么办。

1. 连续 4 次申报某部委项目都未中标是种什么感觉

关于科研项目申报的一个最为基本的认知是，获批立项各级各类科研项目都是小概率事件。正因如此，我们每位科研工作者在每次申报项目的时候，都应该默认这个项目不会获批立项。这是一个看似残酷，实则对自己有利的策略。有了这样的基本认知作为起点，我们就不会对结果过分期待，也就不会因为结果的不尽如人意而……用现在时髦的词来讲，叫作"破防"。如果每次项目申报都破防，那就等于你在纵容项目申报失利的事情给你造成二次伤害，想想挺不划算的。看淡一点，想开一点，才是一个科研人应该具备的素质。

盘点一下我 4 次申报某部委项目的失败经历

要知道，我在做前面铺垫的时候，并不是站着说话不腰疼，我是实实在在地经过血与泪的洗礼，才逐渐意识到申报项目应该具备这种基本认知的。比如，我曾连续 4 次申报某部委的年度项目都未能获批立项。

从某种程度来讲，这个项目是非常友好的。除非你有在研的这个项目尚未结项，否则，不管你手里还有多少在研的其他各级各类项目，都不影响你申报这个项目。这个项目还有一个好处，那就是只要你的研究议题和该部委的关注领域相关，那你就可以来申报，而不会去管你的学科背景、研究方法是不是相关。这些年我不断看到有关系不大的学科专业的学者获批立项这个项目。这种问题导向而学科宽容度非常高的立场，是值得称赞的。

当然，凡事有利就有弊，不限项也不限制申请人的专业背景，也导致这个项目的申报基数比较大，以至于竞争异常激烈。有时我就在想，我之所以连续 4 次申报这个项目都未能获批立项，也是有这方面的原因的。还需说明的是，我也并不懒惰。事实上，我每年都会拿出一个新的选题，写出一个新的项目申请书来申请这个项目。也就是说，我的每次申报所关注的研究议题都是不同的。当然，这也并不意味着我格外勤奋，而是每年该项目申报公告里所提供的课题指南都是不同的，这就倒逼着我只能改换自己的研究选题。

我从失败的项目申报经历中获得了什么

说完上面的这些背景之后，我再来分析一下自己为什么连续 4 次申报都未能获批立项，希望对你有所启发。

首先可以肯定的是，我的项目申请书的写作质量不尽人意，存在短板。由于每次申报都要对照课题指南来拟定申报选题，说白了也就是要求申请者以"命题作文"的方式来申请这个项目，因此每次申请都时间紧、任务重，申请书完成质量不高。而且随着时间的推移，这个项目的导向也出现了变化，从以往偏重理论阐释与基础研究，转向应用对策和政策咨询，而研究时限也从以往的 2~3 年，调整为立项 3~6 个月就要拿出有针对性和可操作性的咨政报告，要给决策层建言献策。这显然不是我所擅长的研究，所以申报未中也不奇怪。

这里的启示在于：如果你对应用对策和政策咨询类的研究议题感兴趣，选择从事咨政类课题进行申报其实是个非常好的选择。

君不见，现在各级各类智库建设如火如荼，相应的咨政类课题的发布也成为常态。用自己的学养、真知和才华为公共部门献计献策，也不失为科研工作社会价值的体现。

还需说明的是，以解决问题为导向，打破固有学科专业壁垒的合作科研也是一种势不可挡的趋势。跨学科、交叉学科、学科综合的协作研究越来越成为科研工作的常态，对此，我们科研人也要保持开放的心态，做好迎接这种变化的准备，比如在组建自己科研团队的时候，有意识地把不同学科专业背景的成员吸收进来。

补遗：其实每次失败都在孕育机会

再来做一个补遗。

虽然看起来是屡战屡败，屡败屡战，但这些努力都是有价值的。一方面，它锻炼了我在规定时间之内，根据课题指南完成"命题作文"的能力；另一方面，墙内开花墙外香，以这4次未能获批立项的项目申请书为基础，我分别申请并获批立项了某省部委的项目以及某省教育厅的高校人文社科研究项目。你瞧，不管项目申报成功与否，项目申请书都会是我们的"硬通货"，只有被浪费的机会，没有被浪费的申请书。

再有，经过连续4次申报国家某部委年度项目失败之后，我终于迎来了一个适合自己的项目，并且在第5次申报该部委科研项目的时候成功获批立项。这个项目是该委的后期资助项目，看到项目申报公告时，刚巧手里有一部已经和某国家级出版社签约的书稿，于是决定一试。然后我就按照流程填写了申请书，准备好申报材料，提交过去。最后还真就中了，而且我的名字还出现在项目公示名单上的第一行。

2. 怎样获批你的第一个国家社科基金项目

当我描述自己连续 4 次申报国家某部委年度项目而未能中标的经历时，你可能会对我的"定力"表示钦佩。其实我更愿意把这种定力理解为一种迟钝，一种在经历了太多现实的暴击之后，不得不采取的自我保全策略。要知道，在这 4 次连续失利之前，我上次获批立项该项目，也是在经历两次连续失利之后才获得的。而我在申报其他各级各类科研项目的时候，也是屡战屡败，屡败屡战。随着申报科研项目的竞争日益激烈，我相信未来更会如此。不过话说回来，被现实暴击也不是坏事，因为你的内心真的会因此获得力量。日本作家渡边淳一写过一本《钝感力》，深入讨论了社会生活领域中"迟钝的力量"。

国家级项目对科研人意味着什么

好了，让我们进入这一节的正题。在介绍我怎样获批第一个国家社科基金项目之前，让我们先来了解一下国家级项目对于科研人究竟意味着什么。拿到国家级项目，无论是获批立项国家自然科学基金项目，还是国家社会科学基金项目，对于科研人而言都是一个标志性事件。因为这是"国"字头的科研项目，是国内自然科学、社会科学领域内的最高级别、最具权威性和影响力的科研项目。在科研工作赛道一路奋进的我们，但凡还在自己的研究领域里有所追求，都会把获批国家级科研项目作为自己的梦想。

在很大程度上，拿到这个项目就意味着：你的研究达到国家级水平，得到国内同行的广泛认可。你晋升职称道路上的最大障碍已经被清除。作为一位长期奋战在科研产出第一线的科研工作者，摆在眼前的最硬的那块骨头已经被你啃了下来。在以后的漫长岁月里，你都会因为自己的职业生涯里有了这样一个伟大的时刻，而感到由衷的骄傲与自豪。

甚至，从事科研工作的人会因此而被分成两类：拿过国家级科研项目的人，和没有拿过国家级科研项目的人。哪怕这是一种非常外在的，甚至功利性的评价标准，但在科研体制内谋生存、求发展的你和我，都不会对此无动于衷。

如果你申报了今年的国家自科/社科基金项目，我希望你能在项目立项公示名单里看到自己的名字。如果你打算以后去申报国家自科/社科基金项目，我希望你会在那一年的项目立项公示名单里看到自己的名字。在（第一次）看到自己名字的那一刻，相信我，你的眼睛必定是温暖而湿润的。

因为，我也曾如此这般地经历过。

我怎样获批第一个"国"字头科研项目

说来惭愧，我的第一个国家社科基金项目，也是连续申请三次才侥幸获批立项的。前面的第一次申报基本等于是在"试水"，自己也没抱什么希望。第二次申报则下了非常大的气力，拿出了破釜沉舟的气势，大过年的跑到家乡的前单位图书馆走廊（教师阅览室过年期间不开门），穿着厚厚的羽绒服，伏在冰冷的桌椅上查阅资料、奋笔疾书。等我的申请书写好之后，还煞有介事地邀请自己结识的几位专家学者帮忙提供意见建议，力争在各个方面做到我以为的完美。

然而结果却并不尽如人意。当我在5月底的立项公示名单中没有找到自己名字的时候，脑中时常想起莎士比亚的名言：美满的想象只会让人感觉命运尤其残酷。当时我也消沉过一段时间，然后你猜怎么着——当年的国家社科基金后期资助项目的申报公告发布了。对，我和后期资助项目还是很有缘分的，这一年的这个后期资助项目，就是我中标的第一个"国"字头项目。

和现在的情况有所不同的是，当年的国家社科基金后期资助项目是"常年申报，集中评审"，也就是说，它常年接受来自申请者的项目申报材料（申请书＋申报成果），然后每年组织专家集中评审两次，上半年是在 3 月初，下半年是在 9 月初。这也意味着我如果想赶上 9 月初的这次集中评审，就必须要在这个时间节点之前，把申报材料报送上去。是的，你没看错，留给我写作申请书和申报成果的时间，只有 3 个月。然后，我就把自己之前的学术成果进行了系统梳理和拼装组合，形成了申报成果的研究议题和写作基础。之后火力全开，还真的就在 3 个月的时间里，完成了 16 万字的书稿。

对了，到了这次写作的冲刺阶段，我开始尝试用"日记体"来记录自己申报这个项目的"心路历程"。这些文字被我陆续更新在了"小木虫论坛"的一个帖子里，一个要是给自己打气，缓解压力，再有也是为了寻找那么一点外部的支持和监督吧。帖子的标题叫"如果你恨一个人，就给他 3 个月的时间，让他去申请国家社科基金后期资助项目"。如果你对这个帖子的内容感兴趣，可以去论坛上看看。

3. 放弃对"等我……之后就去申报"的幻想

本章前面两部分内容主要结合我的科研项目申报经历，介绍了我眼中的项目申报工作是个什么样子。这一部分我要抛开个人经历，从正面直接给出科研项目申报的认知准备与经验技巧。

放下心理负担，才能直面科研项目申报

让我们先从本部分的标题"等我……之后就去申报"谈起。很多人在面对科研项目申报这项工作的时候，总是习惯性地认为自己并没有准备好。他们会说：现在孩子太小，就算侥幸中标也没时间搞研究，不如等孩子大些再说吧；这学期带的实习太多了，还有两门新课要去讲，或者等下学期实习结束，课程也讲顺手了再去申报；我的前期成果比较单薄，这种研究基础就去申报，得让专家笑话死了，还是先安心多发几篇论文再说……

怎么样，有没有一种似曾相识的感觉？我想说的是，我们永远都不可能准备好，也根本不会出现所有事情都被安顿好，专门留出整段时间给我们申报项目的机会。事实上，我们科研人都是被项目申报的截止时间倒逼着，写出一份自己并不满意的申请材料。但是又能怎样呢？只要我们还没"躺平"，只要我们对自己的未来有所期待，申报科研项目就是规定动作和分内之事。既然如此，为什么还要逃避呢？你能真的逃脱吗？

让我们再来看看本章标题，"听说竞争很激烈，项目课题要不要申报？"这个问题。我的观点是：现在这种形势下，就算我们甩开膀子、拼尽全力去申报项目都不一定能通过，这种要不要（也包括能不能、会不会、行不行、对不对……）的纠结，不仅是在空耗自己的心力，白白浪费时间，还凭空给自己增加了额外的负担和阻力。这就好比各位比赛选手已经站在了百米起点，都在紧张地进行着热身准备，希望自己能够发挥出最好的竞技水平，而你呢，你站在起跑线上，默不作声地先把负重沙袋绑腿上了。

现在，让我们摆正心态，解开沙袋，放下心理负担，直面科研项目的申报问题。下面我以申报国家社科基金项目为例，先讲

认知（见图 10-1），再讲准备（见图 10-2），接着讲实操，最后再强调几点特别提示。

图 10-1　科研项目申报的认知基本盘

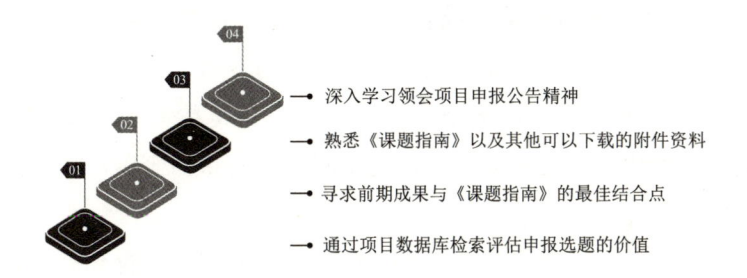

图 10-2　科研项目申报的准备事项

怎样看待科研项目申报？

第一，屡战屡败、越挫越勇是科研项目申报的常态。除非才华横溢且运气爆棚，否则获批立项科研项目就只是小概率事件。那些获批立项的人真的不是比你优秀，他们只是比你坚持得更久。

第二，形成一个高垂直度的研究领域很重要。铺摊子不如深挖洞，在一个高垂直度的研究领域之内进行精耕细作，成功的概率会高很多。人的时间精力总是有限的，将它们精准投放，更容易形成学术产出的规模优势，进而产生势能，占领高位。而一旦在某个领域占领高位，获批项目就如探囊取物。

第三，不错过任何一次科研项目申报的机会。项目是要在不断的申报中才能中标的。有太多人在项目申报的最后关头选择了放弃。我想告诉这些人：其实我们是永远没办法准备好的，大家都是被截止日期倒逼着，写出一个让自己痛恨的本子。所以，只要符合申报条件，就立刻行动起来去申报。在这个过程之中，申报书的写作能力也会培养出来。

第四，项目申报要与学术产出同步推进。项目中标是小概率事件，而学术成长却是一个需要假以时日，持之以恒，循序渐进的过程。因此，不能让某次项目申报没中标的事件干扰我们的科研大业。我们在学术成长领域走的每一步都算数。不管是否获批立项，该发论文发论文，该写专著写专著，千万别抱怨怀才不遇，生不逢时，停下来等着。有了项目得往前走，没有项目更得往前走。现行科研体制决定了我们只有拼命奔跑，才能留在"原地"。

第五，学习经验技巧并不是项目中标的捷径。说到底，科研能力本身才是硬通货，经验技巧只是锦上添花。别幻想经验技巧能掩盖我们科研能力的不足。事实上，提升科研能力本身才是真正的捷径。

第六，有意识地培养一支强悍的项目申报团队。当你开始申请高级别项目的时候，没有团队基本就玩不转了。于是，主观选择也好，客观倒逼也罢，你终究需要拥有一支强悍的申报团队。团队成员之间是松散的学术共同体关系，团队成员申报项目的时候，你来做课题组成员；你申报的时候，他们来做课题组成员。

怎样做好科研项目申报准备？

第一，深入学习领会项目申报公告精神。只有确切了解公告精神和政策导向，才更容易找到契合这种精神和导向的选题。

第二，熟悉《课题指南》以及其他可以下载的附件资料。要尽量熟悉这些材料，尤其是《课题指南》。

第三，寻求前期成果与《课题指南》的最佳结合点。梳理自己过去 5 年的科研成果，把这些成果纳入《课题指南》具体条目和方向性条目的范围之内去统筹设计。

第四，通过项目数据库检索评估申报选题的价值。通过检索了解拟定选题的往届立项情况，评估拟定选题的可行性和"新进展"（因为很多申请书里有一项要写"相对于已立项同类课题研究的新进展"）。

怎样填写科研项目申请书？

第一，确定申报课题名称。其一，字数控制在 20~40 个字，不加副标题；其二，确保研究对象在课题名称中作主语；其三，根据实际情况在"问题型表述"与"陈述型表述"之间做出选择；其四，契合《课题指南》中的具体条目和方向性条目。

第二，学术价值和应用价值。学术价值说到本质，也就是学术增量，可以体现在新的理论、新的资料或者数据，以及新的方法等方面。应用价值主要是要观照当代中国和世界的具体社会问题、现实问题，能够给出解释框架、分析逻辑，或者是带有可操作性的对策建议。也就是说，要对现实生活世界的存在和发展提供启示。

第三，相对于已立同类项目的新进展。去发布项目申报公告的平台检索一下往届立项名单，把握"已立同类项目"概况。然后遵循如下三个原则进行"新进展"的写作：其一，以"少精准、多虚化"的方式使用数据；其二，把写作重点放在"呈现区别"上；其三，努力把"新进展"写实。以上写作建议只是从"技术处理"角度回答如何体现"新进展"，如果已立同类项目确实非常多，那么还是建议回到选题，重新审视自己申报的选题是否真的具有"新进展"。因为写不出新进展的原因往往不是不会写，而是确实没有新进展。

第四，学术史梳理和研究动态评述。对此问题的前置要求是，一定要先把文献数据库检索的工作做在前面。无论国外还是国内，可以围绕这些问题来展开讨论：这个选题中的关键词，最早是谁提出的？是基于怎样的社会现实和历史背景提出的？提出之后，其研究发展大致经历了哪些阶段？每个阶段的代表人物是谁，代表作是什么？不同阶段的核心观点是什么？产生了哪些不同研究流派，不同流派的代表人物、代表作和主要观点都是什么？发生过哪些学术争论？这些研究在当时产生了多大影响？对于今天又有怎样的启示？需要注意的是，国内评述要把代表人物及贡献分门别类地歌颂一下，然后非常谨慎地去商榷观点、指出不足。这个提示的原因在于，这些被写进研究综述的人，很可能会是我们项目的评审专家。

第五，该如何撰写研究内容。研究对象要回答的是：我要就什么问题展开研究？总体框架要回答的是：我要研究的具体内容有哪些？研究重点和研究难点，前者要回答的是：什么问题最影响研究主旨的达成和研究目标的实现？后者要回答的是：什么问题在研究实施过程中最为复杂、最具变数、最不可控？主要目标要写的是研究预期，回答的是：项目研究要解决/回应/厘清哪些问题？

第六，创新之处。创新之处要呈现的是在学术思想、学术观点、研究方法等方面的特色和创新。从写作内容上看，包括理论/思想/观点创新、方法创新、资料/数据创新。从写作技巧上看，要做到客观中肯，不要夸大其词，列举1~3点为宜。

第七，研究思路与方法。研究思路就是要描述一下项目的研究过程，呈现"我打算怎么做"。作为研究思路的延伸，技术路线一般用图示的方式加以呈现，但社科类的科研项目并不强制要求提供技术路线图。因此，技术路线图终究是个锦上添花的东西，如果它画蛇添足，甚至还暴露了基本思路中的短板，那就不要放。研究方法，说的是在项目研究过程中会用到的具体研究方法。填写的时候，最好也指出每种研究方法将用于哪些具体内容的研究之中。

第八，研究计划与可行性方案。研究计划一般按时间线索来列。比如，研究需要三年，那么就把这三年时间划分为3~5个阶段，设置每个阶段的起止时间，简要陈述每个阶段的研究工作内容。可行性分析，其实就是要列举为了保证项目研究的计划能够保质保量实施，我们已经具备哪些主观和客观条件。

第九，预期成果、使用去向及社会效益。成果形式主要包括专著、译著、论文集、研究报告、工具书、电脑软件和其他。因此，根据项目研究的实际需要以及我们对研究成果的预期，在成果形式里选择一项到两项来填写就可以了。使用去向及社会效益，就是要说明预期成果形成之后，它们会在哪些领域或行业中加以使用/应用，发挥作用，以及对作用效果的评估。一般可以写论文的发表、专著的出版和咨政报告的提交，可以为相关领域研究工作者提供文献准备，为相关专业的研究生培养提供文献资料，也可以为政府决策部门提供参考建议等。

第十，研究基础。研究基础是要考察项目申请人在自己申报选题方向和研究领域内的前期积累情况，一般是从申报当年往前追溯 5 年左右的研究成果。

第十一，参考文献。确保文献来源的权威性；兼顾文献来源的丰富性；注意对不同类别的参考文献进行分类。

有关科研项目申请书写作的特别提示

记得要对《课题论证》活页内容做匿名处理；一个好的选题（课题名称）已经成功了一半，怎样投入时间精力都不过分，要努力做到千锤百炼；请值得信任的学者和专家帮忙审读申请书，提供"局外人"视角的建议意见；反复通读通校，消灭一切从形式规范到内容逻辑上的错误。

4. 你不是拖延症，你只是害怕面对可能的失败

在本章的最后，我再来"补一刀"——不是，我再来补充一个需要破除的较为常见的行为误区——通过理性算计，我们明明白白、清清楚楚地懂得科研项目申报的重要性，也真真切切、实实在在地知道提高申报材料的质量才是最重要的事情，可事到临头，我们为什么还总是一而再、再而三地拖延呢？直接上答案：如图 10-3 所示，究其原因，我们是在用"拖延"的症状，来隐藏害怕失败的内心。

第一，拖延不是问题，而是"另一个问题"的解决方案。

谈及拖延，我们往往以为这是一个时间管理的问题，或者是一个意志力、执行力的问题，实则不然。至少在面对科研项目申报这件事情的时候，我们的拖延本身并不是问题，它只是背后真

正问题的解决方案。这个道理有点类似于戒烟。为什么有的人无法戒烟，难道是他不知道吸烟有害身体健康吗？不是的，他当然知道。只是，他是一个已经 30 岁出头的小镇青年，却始终没有找到合适的对象。家里催婚是一方面，主要是他自己也犯嘀咕：我这到底是差在哪里了呢？按说我这工作也很稳定，家里有房有车，颜值吧，至少也比高中很多同班同学要高一点。为啥我们班就我一个还没结婚的？哎，真是没办法，还是先抽根烟吧。

- 拖延是问题的解决方案
- 拖延是一种心理防御策略
- 拖延是因为害怕失败

图 10-3　出现"拖延"症状的原因

你瞧，你以为的问题，其实只是一个更深层次问题的解决方案。

第二，拖延是我们的主动选择，是一种心理防御策略。

许多科研人在复盘自己未能申报某个项目的时候会说自己有"拖延症"，其实这只是掩盖内心深处恐惧的借口。真正让他们害怕和不想面对的，是申报失败的结果。由于拖延而错过项目申报，和拼尽全力申报项目却失败了，显然前者更好接受，会让自己心理上好过一些。要知道，我们天生就排斥具有不确定性的事情。在面对一项任务或挑战时，大脑会自动评估成功的可能性和失败的后果。如果成功的可能性很小，大脑就会发出信号不让我们行动，以免我们遭受失败的痛苦。其中的心理机制在于：由于拖延而未能申报项目，我虽然很懊恼，但也只是错过而已。而且如果我没有拖延症的话，是完全可以获批立项的。我只是拖延症的受害者,并不是能力不强。

拖延只是一种主动选择,一种为了避免承受失败的防御策略。

第三,拖延是因为我们害怕失败,而害怕失败比失败更可怕。

看过前面我对自己项目申报失败经历的介绍,你也许会认为我是一个不怕失败的人。我确实没有那么害怕,我有钝感力(我比较迟钝),但是说起来,谁又能对失败无动于衷呢?要知道,在我这个专业背景出身的人,连续4次申报国家某部委项目而未能中标的同时,我身边行政管理、新闻传播专业背景的学者都是"一击即中"的。这种局面下,我也很难堪,甚至痛苦。那我为什么还能一直坚持申报呢?脸皮厚只是自嘲,真正的原因在于:我深深懂得,成功的反义词不是失败,而是平庸。成功和失败是孪生姐妹,她们在人生天平的同一侧,而天平的另一侧是平庸。因此,一个害怕失败的人,也就无法获得成功。所以我并不是不怕失败,而是我知道,这是通往成功唯一的路。

我向你保证,只要你能真正意识到这一点,拖延症可以瞬间被治愈。

Chapter 11
第 11 章

想获得省部级以上科研成果奖是痴心妄想？

为鼓励和表彰科研工作者在科研领域取得的突出成就、做出的重要贡献，从国务院（包括各部委）到省市县各级政府，都设立了各级各类科研成果奖项，定期或不定期地进行科研成果评选。比如，国务院设立了包括国家科学技术进步奖在内的 5 项国家科学技术奖项，教育部组织评选的高等学校科学研究优秀成果奖（人文社会科学）则是国内人文社会科学领域的最高奖。获得优秀科研成果政府奖是科研人的重要荣誉，也是科研人职业生涯中的标志性事件。那么，这类奖项是不是高不可攀、不可触及的呢？在我看来，至少省部级优秀成果奖还是有机会的，我们不妨大胆一试。而提早布局、长远规划，再远大的目标也迟早会实现。

1. 我是怎样拿到 3 个省部级优秀成果二等奖的

从事科研工作以来，我一共获得过 3 次省部级优秀成果奖，分别是国务院某部委发布的全国某领域研究优秀成果（著作类）二等奖、某自治区的哲学社会科学优秀成果政府二等奖和某省社会科学优秀成果二等奖。下面请允许我按时间顺序介绍一下自己的获奖经历。

我是怎样拿到第一个省部级优秀成果奖的

和我的科研项目申报屡战屡败、屡败屡战形成巨大反差的是，我的第一次请奖，居然就顺顺当当地获得了某自治区的哲学社会科学优秀成果政府二等奖。这个结果对我而言还是相当意外的，因为我已经忘记自己申请过这个奖的事情了。记得那时的我正在外地做博士后，是在一个下着雨的下午，我应该是在取快递还是在干什么，总之是走在街上，然后看到我们科研团队群里有人向我表示祝贺，群里一派喜庆祥和的节日气氛。

这次获奖的申报成果是我以博士论文为基础，在教育部人文社科研究青年项目的经费支持下完成的一部专著。这也是我的第一本学术著作。

我是怎样拿到第二个省部级优秀成果奖的

我跳槽来到新工作单位的第二年，看到省社会科学优秀成果奖的评选公告，又打电话咨询了解政策，确认自己符合申报条件之后，就开始了新的请奖尝试。这次我也非常幸运，还真就拿到了奖。

应该说有了第一次获奖的经历，这次我的请奖是自信满满、有备而来、志在必得的（主要是有点自我膨胀）。不过实实在在地讲，这次也的确更加用心，从请奖申请书的填写，到申报材料的准备，都努力做到完美。等申报材料提交上去之后，也按捺不住地去幻想这次如果能获奖该有多棒，弄不好我还能拿下个一等奖呢，哎哟，简直不要太快乐（确实是有点自我膨胀）。终于，评审结果出来了，是个二等奖。其实对于这个结果我也是非常满意的，毕竟自己初来乍到，而且据说我所在学院自建院以来还没有人拿到过一等奖，那个难度确实是非常大的。

这次的请奖成果也是一本学术专著，是我的国家社科基金后期资助项目的结项成果。当时是请我的博士后合作导师帮我写的推荐序，又有同行学者帮我写了书评。

我是怎样拿到第三个省部级优秀成果奖的

这次获奖必须说是喜上加喜了，用大白话来讲，这绝对是走了"狗屎运"。这也是我从事科研工作以来获得的第一个（也是唯一一个）"国"字头的科研成果奖。对的，我说的就是国家某部委组织评选的全国某领域研究优秀成果奖。我还记得在读博期间，我的导师曾经拿到过这个奖，还兴致勃勃地给我们讲他的"获奖感言"。老师参评那一届的一等奖是"空缺"，老师拿到了一个二等奖。我的这次参评居然也获得了二等奖，当然，一等奖不是空缺。这次获奖对于我的职业生涯而言意义重大。想想看，这可是只有我的导师这种分量和级别的大专家才能拿到的奖啊，这个曾经我想都不敢想、碰都不敢碰的奖项，现在居然也拿到了。

这件事情极大地助长了我的"嚣张气焰"……然后,直到现在,我就再也没有拿到过任何省部级优秀成果奖。

至于说到请奖经过,也就是在国家某部委的官网看到了评奖公告,于是把请奖申请书下载下来,对照公告精神认真填写申请书,准备申报材料——话说这个业务我已经轻车熟路了,而且最重要的是,我就是用获得省社会科学优秀成果奖的这个申报成果来申请这个奖项的。而且你说我的运气有多好:对照公告中的评审条件,我千真万确就是符合参评条件的。

于是,我在那一年(我把它称为"老踏奇迹年")的秋天,一个收获的季节,前后脚只相距一个月,分别拿到了某省社会科学优秀成果二等奖和全国某领域研究优秀成果(著作类)二等奖。

2. 科研成果奖的门槛很低,但要获奖得靠实力

好了,令人厌烦的自嗨式写作终于告一段落了,从这一部分开始,我们来分析一下科研成果奖项的申请问题。先给出一个相对宏观的判断吧:以我的经验观察,省部级的科研成果奖项申报的准入门槛其实并不高,但是想要获奖的话,申报成果确实得过硬才行,需要有点硬实力。

省部级科研成果奖的申报门槛并不高

先以我获过奖的这 3 个奖项的评奖公告为例,来看看省部级科研成果奖的申报门槛。比如,某自治区哲学社会科学奖评选和奖励办法(2024 年 5 月 2 日修订)规定,申报成果是在评奖起止时限之内,"国内公开出版和发表具有一定学术价值的专著、译著、编著、古籍整理、地方志、工具书、科普读物、论文,以及被厅

局级以上单位采纳或者获得省部级以上领导肯定性批示的调研报告、咨询报告、论证报告等，可以申报自治区哲学社会科学优秀成果奖"；对于申请人的要求，则是"其第一作者署名单位的住所应当在自治区行政区域内"。

比如，某省社会科学优秀成果奖的申报公告（发布于2022年5月）指出，在评奖起止时限之内，以下成果形式符合报奖条件（节选）：

1. 著作类：正式出版并以印刷出版物、电子出版物为载体的哲学社会科学专著、译著、编著、古籍整理文献、通俗读物、工具书。
2. 论文类：在中文社会科学引文索引（CSSCI）来源期刊发表的学术论文；或在其他期刊发表后被中国人民大学《复印报刊资料》全文转载或被《新华文摘》《中国社会科学文摘》《高等学校文科学术文摘》转载转摘的学术论文；或在《人民日报》《光明日报》《经济日报》等大报大刊发表的2000字以上的理论文章。
3. 研究报告类：围绕经济社会发展实践，未公开发表的，被省级以上领导批示并被实际工作部门采用，具有相应证明材料的研究报告（调研报告、咨询报告）；或作为省部级以上已结项课题的最终成果、未公开发表的研究报告。而对申请人的要求是"在申报截止时间内，人事关系在某省的哲学社会科学工作者"。

再如，全国某领域研究优秀成果奖的参评成果范围是在评奖起止时限之内的集体成果和个人成果，对于成果的限定是某领域研究类及与该领域研究相关的学术论文和著作，对请奖人的资格则并未作出明确规定。

其实，哪怕是国内人文社会科学领域的最高奖——高等学校科学研究优秀成果奖（人文社会科学），评奖门槛也并不高。和上面提及的奖项有所不同的是，这个奖项是限项申报。第九届高等学校科学研究优秀成果奖（人文社会科学）实施办法（2022年11月发布）指出，参评成果范围是在评奖起止时限之内的下列成果：

1.著作（含专著、编著、译著、工具书、古籍整理等）；2.论文；3.咨询服务报告；4.普及读物。

对于奖项申报者的资格要求是（节选）：

（1）申报期间人事关系在高校的教师和研究人员（包括离退休人员）。（2）在高校开展实质性研究工作的兼职人员，成果发表时署名单位标注兼职高校。……

怎么样，是不是不用我再继续举例子了，至少在我目所能及的省部级科研成果奖项评选里，请奖的准入门槛真的并不高。

获得省部级科研成果奖并不容易

下面我们再来看看省部级科研成果奖的另一面。申报的门槛不高，只是意味着这类奖项对广大科研工作者比较友好，然而由此也会带来两个问题：一个是参评的分母比较大，也就是申报基数大；另一个是这也意味着真正能获得这个奖项的，从数量上看并不多，从概率上讲也非常低。

正因如此，这类奖项的竞争是非常激烈的，而获得这类奖项的难度自然也比较大。还是以我自己为例，前面我介绍了自己拿到3个省部级优秀成果二等奖的经历，看起来似乎比较轻松，但是想想看，我在科研工作领域深耕时长已经接近 20 年了，而我在这 20 年间申请的各级各类科研奖项的数量，要远远大于 3 次。这里的启示在于，我们对此要有钝感力，只要自己够条件、能申报，就都厚着脸皮、硬着头皮、打起精神去申报，以此增加自己获奖的概率。这是一个值得我们早早列入议事日程的事情，而那些看起来毫不费力的获奖，背后是长期规划和系统努力的结果。关于这个话题，我们会在下一部分展开说明。

总之，由于省部级优秀科研成果奖一般 2~3 年才评选一次，门槛又设置得比较低，所以属于是那种“万众瞩目”的重要科研事件，如果我们没有硬实力和真本事，是不太可能获得这个奖项的。

3. 实力和其他因素是 1 和 0，没有 1，再多 0 也没用

刚才我们提到，要想获得省部级科研成果奖项，需要长期规划和系统努力。如图 11-1 所示，这一部分我们来讨论一下怎样用规划和努力来提升自己的实力——这是我们请奖的核心竞争力，是第一位的。同时要留意诸如请奖技巧以及各种机缘巧合等其他因素的影响。

科研奖项申报：实力为本，技巧为辅

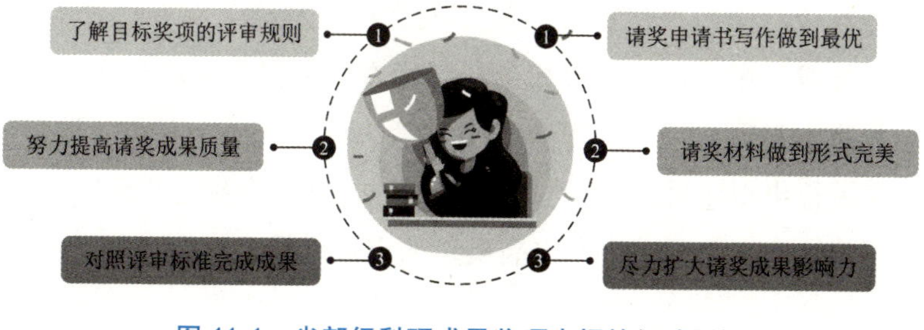

图 11-1　省部级科研成果奖项申报的行动图解

实力为本：打造你的请奖核心竞争力

第一，了解目标奖项的评审规则，做到知己知彼。如果你希望获得自己所在省的社科优秀成果奖，那就要对这个奖项的评审周期、成果形式、成果发表时段、申请人资质、成果社会评价等有个清晰准确的了解，并根据这些要求来做出规划布局。比如，为了参加下一届评选，我们需要在评奖所规定的时段之内发表符合要求的成果，同时在平时留意收集该成果的学界影响与社会评价信息，等等。

第二，成果的质量是最重要的，也要注意匹配度。如果目标奖项所要求的申报成果形式是著作、论文和研究报告，那就要看自己在规定的时段之内所产出的成果里，哪个成果的质量是最高的，是出版的著作、发表的论文，还是那篇获得了行政官员肯定性批示并取得良好社会效益的研究报告。要确保自己提交的申报成果是自己科研成果之中质量最高的那一个，或者是和目标奖项的请奖要求最匹配的那一个。比如，你要参评的是一个优秀调研报告奖项的评选，那提交一篇论文肯定是不合适的。

第三，对照评审标准，完成成果的撰写与发表工作。不同的科研成果奖项会有自己的偏好，也就有与此相应的评审标准。比如，高等学校科学研究优秀成果奖（人文社会科学）遵循政治标准、学术标准、学风标准和实际贡献这 4 个指标 [参见《第九届高等学校科学研究优秀成果奖（人文社会科学）实施办法》] 来对申报成果进行评审，省社会科学优秀成果奖的评选则往往倾向于关注本省现实问题并提供应用对策的研究成果。因此，我们应该在进行申报成果的撰写与发表的时候，就注意到这些评审标准，并围绕这些评审标准来产出高质量的申报成果。

技巧为辅：营造你的请奖周边影响力

鲜花还需绿叶配，对于技巧的恰当运用，也能为我们的请奖工作发挥锦上添花的作用。这些技巧包括但不限于以下几个方面。

第一，请奖申请书的内容写作要尽力做到最优。虽然能否获奖主要取决于申报成果本身的硬实力，但申请书就好比是产品说明书，一份好的产品说明书可以帮助我们更好地了解"产品"。因此，我们要遵循奖项评选的公告精神，对照申请书里的写作提示，认真逐项填写申请书封面、数据表里各项内容，做到翔实准确。不同请奖申请书所涉及的具体内容会有一些不同，但写作的重点在于申报成果简介和成果社会评价与影响，这些内容值得认真打磨，力争客观全面地展现成果，恰到好处地描述社会评价与影响。

第二，从申报材料的排版、打印到装订，努力做到形式完美。排版规范、打印清晰、装订整齐，会在很大程度上提升申报材料的"颜值"，进而提高成果评审的印象分。想想看，如果在申报学科的学科组评议会上，我们的申报材料是全场"最靓的仔"，那一定会引发回头率狂潮，极大地提升我们的竞争力。当然这里只谈到了形式完美放大效应的一个方面，如果申报成果本身就是一言难尽、乏善可陈的，那么申报成果的缺点也同样会被放大。所以，还得是实力为本，这个才是最重要的。

第三，在可能的范围之内，努力提升和扩大申报成果的影响力。想想看，假如还是在这场学科组的评议会上，很多评审专家对你的申报成果有印象，听说过甚至看过你的成果，那么结果会怎么样？人们天然就喜欢自己比较熟悉的事物，对不对？我就在想，当年我之所以"一击即中"，看似轻松地拿下了某自治区的哲学社会科学优秀成果政府二等奖，有没有一种可能是因为我把这本书赠送给了很多具有相关研究背景的专家学者？而他们中，还真就有人是评审专家？要知道，在收到出版社邮寄过来的我的这本著作之后，我是亲手把它送到了本校乃至同城兄弟高校的专家学者手里的。也许是这种机缘巧合，促成了我的这次获奖。

总之，想要获得省部级科研成果奖项，实力为本、技巧为辅，也许还需要点机缘巧合和运气。它在本质上是一个围绕申报成果的写作发表与影响力提升而展开的系统工程，需要提早谋划、整体推进。

4. 尽人事，听天命，然后忘记这件事

在本章的最后，我们再来做一些心法层面的讨论。关于科研成果奖项申报的这项工作，我的建议是：如果你能在自己可以掌控的部分拼尽全力，做到能力范围之内的最优，也就可以无悔无憾了；剩下的部分，交给命运去安排就好——得之我幸，失之我命。

尽人事：你是否拼尽全力了？

记得有个笑话，说有位渔民笃信上帝，有次出海捕鱼不幸渔船触礁，他掉到了水里，然后他坚信上帝会来救他，结果上帝没有来。等他上天堂见到了上帝，就质问上帝为什么不来救他。于是上帝说，我救了啊，我先派了一只海豚，你拒绝了，我又派去一条渔船，你还是拒绝了，最后我派去了一架直升机，结果你还是拒绝！我想，这个笑话完美诠释了"上帝只救自救之人"的道理。

这个笑话（其实是则寓言故事）对我们申报省部级科研成果奖项的启示在于，别错过每次申报的机会，因为这也许就是命运

之神来"拯救"你的方式。说到这里，我必须先夸一下自己。这么多年过去了，我从不错过省部级科研奖项的申报，甚至连"别人家的奶酪"都不放过。我曾经参评过某省文联组织评选的文艺评论奖，居然还拿到了一个著作类的三等奖。原因只在于，我确实符合申报条件。

所以，当你下次再对自己说，获得某个省部级科研成果奖项就是一种痴心妄想的时候，可以问问自己，我是否真的拼尽全力了？为了做到尽人事，除了这里一直强调的不要错过任何一次申报机会之外，我们还可以在如下这些方面进行努力：其一，注重产出和积累高质量的科研成果。这样我们才有拿得出手的申报成果，我们的申报成果也才有竞争力。其二，注重宣传和推广自己高质量的科研成果，比如像我一样把自己的学术著作送给学界同行专家。其三，把握自己有资格申报的所有科研项目奖项的基本盘，对包括政策导向、申报时间、评审规则、获奖规模等信息做到心中有数。

听天命：你是否真正放下了？

我们容易犯的一个错误在于，在本该拼尽全力的时候选择躲闪和推脱，千方百计逃避自己的责任；而在这个自己最能掌控的部分过去之后，却又开始患得患失，甚至寝食难安，对于自己能否获奖过分牵挂。这里最具讽刺意味的是：那些在最需要努力的时候选择"躺平"的人，和那些最没有希望获得奖项却还在一厢情愿地幻想自己会得到命运恩宠的人，是同一拨人。

要知道，对于一个获胜概率极低的事情，自己免于受到伤害的最好方式就是事先默认它是无法获胜的。这样我们就可以避免遭受命运的捉弄。还是以我自己为例，前面我曾眉飞色舞地介绍自己三次获批省部级科研奖项的经历，而我没有说的那些失败的经历，则是数不胜数的。比如，在过去的 10 年间，我还申报过某省的社会科学优秀成果奖，申报过高等学校科学研究优秀成果奖（人文社会科学），参评过国家某部委的年度全国某领域优秀调研报告评选，以及某国家级学会主办的年度优秀学术论文评选……这些奖项的申报无一例外都失败了。是我不够努力吗？并不是。事实上，除了第一次获奖之外，每次请奖我都是拼尽全力的。

所以，失败才是常态。而只要选择用平常心来看待这些失败，我们就已经超过绝大多数竞争者，立于不败之地了。还记得成功的反义词是什么吗？是平庸啊。我们可以失败，但是不可以平庸。

也许很多人还会关心这么一个问题：这个奖项的评审能否"操作"，以及"操作空间"大不大？到了这个内容的最后，我索性就照直说了。如果你是那个能"操作"这个事情的人，你就不会问出这样的问题；而你如果无法"操作"这个事情，那还不如就相信这个奖项是完全客观公正的，这样你才能不带任何负面情绪地参与。认定奖项评审客观公正对你比较有利，而且这种认知也更接近事实真相。要知道，省部级科研成果奖项的评审万众瞩目、备受关注，是一个关乎全省乃至国家部委辐射行业领域全部科研工作者切身利益的重要事件。相信我，评奖主办方比我们更希望并且积极捍卫它的公信力。

Z3
内核修炼的进阶路线图

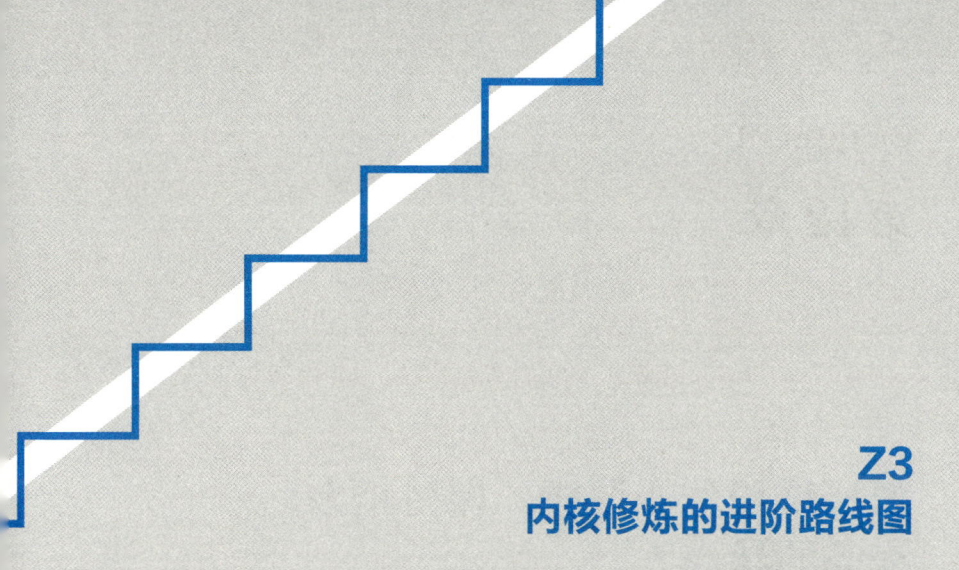

和内在力量相比，身外之物显得微不足道。
——奥利弗·霍姆斯，法学家

当你把科研工作视为一场无限游戏，行进在这条由外部的、阶段性的任务指引的漫漫长路时，道阻且长，你得进行内核修炼。人和汽车有一个共同之处，那就是两者都要从内部驱动。内核修炼得不够，前进的动能就会不足，迟早遭遇心力耗尽、意义感缺失的困境——相当于汽车在路上抛锚了。内核修炼听起来不明觉厉，其实有着一套明确的、可以拾级而上的进阶路线图。身心健康在一阶，是基础；看清科研基本盘、洞悉科研人的身份本质、实现心智模式的转换在二阶，是中台；文献阅读、研究选题、捕捉热点是三阶，是界面；时间管理与目标管理也在三阶，是两翼。基础牢固、中台稳定、界面友好且两翼丰满，内核修炼的这个内部驱动系统，就算打造成型了。

中国古代圣贤讲"内圣外王"，"内圣"是基础，"外王"是目标；抑或"内圣"是核心，"外王"是副产品。不论哪种理解，把这套发源于中国传统儒学的价值框架运用于科研工作，还是很有启发的。内核修炼的关键在于帮助科研人打造一个既不依赖于外界一时一事的评价，也不纠结于成果一城一池的得失的"科研自驱系统"，专注于内在的成长。而一旦拥有稳定而强悍的内核，外在的成功也就只是个时间问题，你可以抵达远方的任何地方。

Chapter 12
第12章

怎样维护身心健康，保持精力充沛的状态？

对于科研人而言，身心健康的重要性怎么强调都不过分。我想没有人不知道这个道理。然而问题在于，知道了不等于就会做，去做了也不等于就能做对。这一章，我想结合个人经验教训和当前科学理解，和你讨论一下怎样维护身心健康、保持旺盛的精力和充沛的体能这个问题。要知道，这是每位想要获得成功的人的必修课，甚至是每个人的必修课。对于我们从事高强度脑力劳动的科研工作者而言，更是如此。

1. 水果、杂粮、坚果、豆奶……健康饮食很重要

饮食对于健康的重要性，恐怕就不用我多说什么了。现代生活方式在带来丰富的便利性的同时，也给我们的身心健康带来一系列挑战。饮食的健康就是其中的重要挑战之一，我们太容易接触到高糖、高盐、高脂的食物，而长期食用这样的食物会对健康造成不利影响。科研人的工作性质决定了我们常常要面对高强度的脑力劳动和科研成果产出的巨大压力，健康饮食（见图 12-1）不仅能帮我们保持良好的身体状态，还能起到缓解精神压力、提升工作效率的作用。

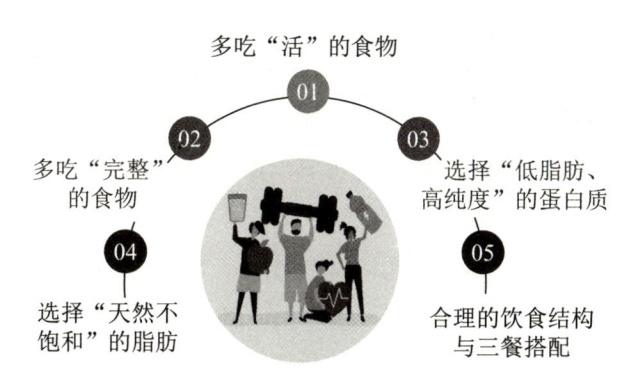

图 12-1　科研人健康饮食的 5 条原则

科研工作者健康饮食的 5 条原则

第一，多吃"活"的食物。一般而言，加工程序越少，储存时间越短，就越接近于"活"的，这样的食物往往比深加工、长

期储存的食物更健康。比如，一篮刚刚采摘下来的草莓比罐装的草莓酱健康，而刚刚捕获的鱼、虾远比超市冰柜里冷冻的鱼丸、虾滑健康。按照这个原则，在准备一日三餐的时候，我们要尽量选用新鲜食材，然后辅之以简单烹饪就会很健康。清蒸、水煮、凉拌都是不错的选择，再配上点小米辣、酱油、醋或者芥末，淋上一些香油、橄榄油、蚝油或者花椒油。至于说到零食和饮料，新鲜水果，无糖、无添加的各种奶制品和纯净水、矿泉水，就是不错的选择。买包装食品的时候，要养成查看"营养成分表"和配料表的习惯，营养成分表里的脂肪、钠占比较高的，配料表里除了食材之外还添加很多糖、盐、奶油等的食品，要尽量避开。

第二，多吃"完整"的食物。完整，也是衡量一种食材是否健康的重要指标。它指的是在选择和食用的时候，尽量保留食材的原始形态和营养成分。比如选择蔬菜和水果的时候，能不削皮的就别削皮，能不榨汁的就别榨汁，能嚼着吃的就不吸吮着吃；五谷杂粮，越能保持谷物的完整，它的营养成分也就被保留得越全面，能煮饭、熬粥的，就不要打成米糊。整颗土豆蒸熟的营养成分比捣成土豆泥，然后添加奶油、糖、盐等各种配料、调料要高。同样地，藕片要比藕粉、栗子要比栗子粉、番茄要比番茄汁、芝麻或花生要比芝麻酱或花生酱有营养，也更健康。上面这两条原则相配合，也就是"活的"加上"完整的"，可以帮我们避开非健康食品的很多坑，食材健康了，身体的健康也就有了基础和屏障。

第三，选择"低脂肪、高纯度"的蛋白质。现代营养学告诉我们，蛋白质是身体生长和修复的必需营养素，对于持续进行脑力劳动的科研人来说，这一点尤为重要。我们每天每千克体重至少需要补充1克蛋白质，而且要尽量保证摄入蛋白质的品质。一般而言，低脂肪、高纯度蛋白质被认为是比较优质的蛋白质。根据营养学家的建议，能选水里游的就不选天上飞的，能选天上飞的就不选地上跑的，能选地上跑的就不选跑也跑不动的。也就是说，我们可以粗略地按鱼虾肉、鸽子肉、鸡鸭鹅肉、驴肉、牛瘦肉、羊瘦肉、猪瘦肉的顺序来给食材的蛋白质优质程度进行排序。此外，也可以选豆制品，也就是植物蛋白作为上述动物蛋白的补充。由于豆类食材不容易被人体消化吸收，所以前面"活的"和"完整的"的原则就不一定适用。可以用豆制品来替代豆类食材，比如豆腐、豆腐干、豆浆等，需要注意的还是配料表的干净和简单。

第四，选择"天然不饱和"的脂肪。一提到脂肪，我们往往会唯恐避之而不及，以为它不健康。然而并不是所有脂肪都不健康，因为脂肪是构成人体的重要组织，有提供能量、调节体温、保护内脏器官、帮助人体吸收维生素的作用，只有脂肪过度堆积在体内才会带来各种健康问题。一般认为，成年人每天摄入44~80克的脂肪是正常的，只是要注意尽量减少饱和脂肪和反式脂肪的摄入，增加天然的、不饱和脂肪的摄入。除了椰子油和棕榈油，几乎能榨油的植物所榨的油都属于天然的不饱和脂肪。记得在炒菜时油温不要太高，别等油冒烟了才把菜下锅。各种坚果也富含天然不饱和脂肪，每天一小把（别超过15克），对于主要从事脑力劳动的我们也非常有利。鱼肉首选深海鱼，其他鱼肉也行，建议每星期至少吃两次。

第五，合理的饮食结构与三餐搭配。饮食贵在均衡，蔬菜、水果、全谷物、蛋白质和脂肪都要有所摄入。至于比例，1/2 的蔬菜和水果，1/4 的全谷物，1/4 的蛋白质和脂肪被认为是比较合理的搭配比例。人类是杂食性动物，每类食物所选取的具体食材越丰富越好，有助于营养均衡。谈及三餐，早餐是启动全天能量、积蓄精力的关键，最好能包含优质蛋白质（比如牛奶和鸡蛋）和全谷物（比如玉米、土豆、山药、芋头等）；午餐是能量续航的重头戏，要尽量吃饱，同时要尽量避开精米白面等升糖指数高的食物，否则我们很快就会昏昏沉沉，影响下午的工作；晚餐不宜过晚，最好晚上 8 点之后就不要再进食，另外也不要吃得太饱，以免影响睡眠质量。

关于个人饮食经验的两点补充

以上关于健康饮食的建议更多是从普遍共性的角度来谈的，结合个人逐渐摸索（也包括踩坑）出来的经验，再来补充两点饮食建议吧。

先说饮。如果你喜欢喝咖啡，建议选用黑咖啡，每天最好不超过 3 杯（每杯 150 毫升）。以我的观察，很少有科研工作者没有对饮品的轻度成瘾性依赖。我喝咖啡已经有超过 15 年的历史，我身边的同行同事有喜欢喝咖啡的，也有喜欢喝茶的，还有喜欢喝可乐、红牛、奶茶甚至啤酒的，反倒是单纯只喝白水的几乎没有。其他嗜好我没什么发言权，对喝咖啡倒是有些心得。咖啡最好避开那些花式繁多的几合一速溶咖啡，那里面糖、人造饱和脂肪的含量都相当高，咖啡含量却少得可怜。其实我们很容易判断一种饮品是否健康，主要是存在一个"戒断"的摩擦力。比如，我从劣质速溶咖啡切换到现在的黑咖啡粉 + 零乳糖牛奶的过程就比较漫长，但是这种努力是值得的。

再说食。健康食品其实并不都是难吃的，当你逐渐习惯它们之后，它们也可以很好吃。我曾经是非健康食品的重度爱好者，对于高糖、高盐和高脂的食物（尤其是零食）几乎毫无抵抗力，以至于我本来是偏瘦的体型，体检报告却屡屡显示血脂偏高。后来我开始逐渐尝试用健康食品替代非健康食品，过程还是比较漫长的，但是我现在可以吃出它们的美味了，这是个巨大的进步。相应地，反倒是那些曾经热衷的非健康食品变得很难下咽了，然后每每怀疑自己，这玩意儿明明齁甜/齁咸/齁油腻，真不知道那些年是怎么吃下去的。

2. 跳绳、卷腹、深蹲、慢跑、游泳……每周运动150分钟

关于维护科研工作者的身心健康问题，我们首先想到的其实不是饮食，而是运动。是的，运动近乎天然地就和身体健康联系在一起，而运动也被认为是对抗各种负面情绪、缓解压力和保持心理健康状态的有效手段。说起来，我算是一个运动的轻度爱好者和长期主义者，只是我的运动强度在很多人看来，简直是个笑话。

一个运动轻度爱好者的经历回溯

我有意识进行的主动运动，最早可以追溯至初中时代。内容包括但不限于：每天早起跑步去公园（背单词）再跑步回来，每次体育活动课上踢足球、打排球，每个周末去另一个公园和小伙伴们跳霹雳舞，以及每到寒暑假拿着一对来路不明的哑铃进行力量训练。高中阶段打篮球要多过打排球，然后参加了几次校内的演出（跳霹雳舞），但苦于课业负担沉重，整体算下来基本等于没有运动。大学阶段的演出（对，还是跳霹雳舞）变得更频繁，然后有一个阶段每天去操场跑步。参加工作以来，各类运动明显减少了，但每次脱离工作单位外出学习或者工作（硕士、博士还有博士后阶段）的时候，跑步总在继续，还有一个阶段沉迷平板

支撑，最好成绩超过 15 分钟。在此期间，一个人在省属重点大学工作的时候，除了每天去操场慢跑，我还办过一张游泳健身年卡，自认为坚持得还不错。

在 2021 年体检查出血脂高之后，伴随饮食习惯从非健康到健康的转换，我又重启了运动。过去的 3 年时间，我每天慢跑＋深蹲＋卷腹，频次超过了每年 300 天。最近我又开始了健康增重（热身＋力量训练＋拉伸）的计划，在过去 3 个月的时间里，我的体重从 55.5 千克增加到 61.9 千克，取得了初步的胜利。然后，由于眼前这本书的截稿日期已经临近，我决定暂停这个计划，投入更多的有效时间来写作。等完成这本书的写作任务之后，我还会恢复这个健康增重计划的。

好了，作为一个轻度运动爱好者，我会有意识地在自己的科研日常工作之中，见缝插针地穿插各种运动。这些运动习惯在维护我的心理健康，保持我的精力体力方面发挥了，并且还将继续发挥重要作用。按照史蒂芬·柯维提出的"重要"与"紧急"四象限时间管理法，运动（健康）属于重要但不紧急的事项，值得优先局部、早早开始、长期坚持。找到适合自己的运动项目，每天适量运动，然后长期坚持下去是个非常好的习惯，会让我们受益终身。

来自"当前科学理解"的运动建议

"当前科学理解"是万维钢老师经常使用的一个重要表述，概括来讲，就是一线科学家穷尽人类目前所有的知识，对一个事物做出的最好判断。它不一定都是对的，但这是目前我们所能达到的最接近真相的理解。如图 12-2 所示，关于运动的当前科学理解有下面几点。

第 12 章 怎样维护身心健康，保持精力充沛的状态？

05 制订实施最适合自己的运动计划

04 适当的力量训练可以改善体型，增强自信心

03 如果你觉得不容易坚持，可以考虑快步走

02 保持中等强度的运动是提升心肺功能的重要方式

01 有氧运动是保持充沛精力的源泉

图 12-2　关于运动的当前科学理解

第一，有氧运动是保持充沛精力的源泉。有氧运动，比如快步走、慢跑、游泳和骑自行车是促进血液循环、有效燃烧脂肪，为大脑提供充足氧气的重要运动类型。经常从事有氧运动，有助于提高科研人的体能和精力，思维清晰度和工作效率也会因此提升。

第二，保持中等强度的运动是维护心脏活力、提升心肺功能的重要方式。通过监测心率，我们可以找到适合自己的运动强度。对于大多数健康的、未满 55 周岁的人来讲，有氧运动的最佳心率 =（220- 年龄 - 静息心率）×|40%~60%|+ 静息心率。建议每周在这个心率区间内进行 150 分钟的运动。

第三，如果你觉得不容易坚持，可以考虑快步走。美国国家体重控制登记中心的数据显示，快步走居然是减肥成功率最高的运动项目，比中等强度的慢跑、游泳、高强度间歇性训练（HIIT）都高。因为这项运动难度最低，所以最容易坚持，而长期坚持才是取得成效的关键。对于维护身心健康、保持精力充沛而言，这项运动也具有同样的意义。

第四，适当的力量训练可以改善体型，增强自信心。以上谈

到的都是有氧运动，如果我们对塑形并因此获得自信心有更多期待，那么还可以考虑做一些力量训练。就像前文提及的我的健康增重目标，其实也是在塑形。卷腹、臀桥、深蹲、平板支撑、俯卧撑这类动作，都能起到很好的效果。

第五，循序渐进，制订实施最适合自己的运动计划。每位科研人的身体状况、工作强度和生活习惯都有所不同，因此，根据个人健康状况、运动偏好和时间精力情况来制订个性化的运动计划，就显得十分重要。我们可以在"当前科学理解"的基础上不断试错、反复迭代，最终形成最合适自己的运动方案。

3. 体能、情绪、注意力、意义感，搭建精力管理金字塔

这一部分，我要向你推荐一个精力管理的金字塔模型（见图12-3）。这个模型来自我在得到App上听过的一门给我留下深刻印象的课程，是张遇升老师主讲的"怎样成为精力管理的高手"。这个模型对于我们广大科研工作者而言还是非常具有

- 意义感 — 意义感是精力源源不竭的奥秘
- 注意力 — 注意力决定精力的"投入产出比"
- 情绪 — 情绪对精力具有双重影响
- 体能 — 体能是精力的基础

图 12-3　精力管理的金字塔模型

启发意义的。这个精力管理的金字塔由 4 个层级构成，由低到高，从基座到顶点分别是体能、情绪、注意力和意义感。下面请允许我结合自己对我们科研人实际情况的理解，把这个模型做一下介绍。

体能是精力的基础

精力金字塔的基座是体能。体能差的人，往往精力也差；而体能好的人，至少为旺盛的精力提供了坚不可摧的基础。为什么体能好的人精力往往会更旺盛呢？因为现在的医学发现，体能好，尤其是心肺能力特别突出的人，大脑的供血、供氧、供糖都更好，所以大脑的工作效率也高，长时间地工作更不容易疲劳。我们反复强调科研人所从事的是高强度的脑力劳动，而科研工作本身又是一个带有长期主义属性的事业，没有良好的、可持续的体能作为支撑，这项工作是难以为继的。前文我们谈及的健康饮食以及制订实施适合自己的运动方案，其实都是在夯实精力的基础。除此之外，优质且规律的睡眠，对我们保持体能也有非常重要的作用。

情绪对精力具有双重影响

情绪位于精力金字塔的第二层，处在体能之上。如果把体能理解为是精力的"经济基础"，那么情绪就是精力的"上层建筑"了。情绪和体能之于精力的影响都是双向的，都是正相关关系。在这一点上两者是相通的。也就是说，正向的、积极的情绪有助于我们精力十足、充满干劲，而负面的、消极的情绪会导致我们做什么事情都萎靡不振。比如，早上起来得知自己申报的科研项目获批立项了，我们就会特别开心，然后这一整天都觉得自己精力充沛。但是如果早上一起来得知的是相反的消息，我们就会觉得很糟心，这一整天都会觉得愤愤不平，无心做事。这里的启示在于，做好情绪管理，让感恩、乐观、兴奋等正面情绪成为我们情绪的主流，有助于拥有充沛的精力。经常心怀感激之情，保持乐观开朗的心态、积极向上的态度，通过积极的自我暗示来让自己兴奋起来，都是在给自己的精力加一个正向的杠杆。

注意力决定精力的"投入产出比"

位于金字塔第三层的是注意力。提出心流理论的米哈里·契克森米哈赖曾经说过，注意力是我们拥有的能够自主控制的最重要资源。如果我们把精力视为一种资源，注意力就是那个能让我们的资源投入带来有效产出的"神器"。李笑来在《把时间当作朋友》一书里也指出，一个人拥有的时间比他拥有的财富更重要，而他拥有的注意力比他拥有的时间更宝贵。要知道，我们的注意力其实是非常稀缺的，以至于我们把它投放在了哪里，我们就是哪种人。因此，我们要在科研工作中保持高度的专注，努力让我们的注意力聚焦在最重要的事情上，是谓"憋大招"。而那些不需要投入注意力的任务，比如查看邮件、检索和下载文献、填写各种报表和报账单……这些事务性的工作都在消耗我们的精力，却因为不需要注意力的参与，也就无法带来"投入产出比"，严格来说，这种精力的投入是一种浪费。精力如果缺少注意力的加持，等于是在空转。

意义感是精力源源不竭的奥秘

再往上一层也就到达金字塔的塔尖了，这里是意义感的领地。我们经常说人是意义驱动的动物，而意义来自哪里呢？来自我们的内心信念。当我们坚信完成某件事情就是自己来到这个世界的使命时，也就因此和这个世界建立起深度的联结。意义感是一种无形、强大且持久的内驱力量，一旦拥有做某事的意义感，精力就会如同泉水一般喷涌而出。那么，为什么有意义感的人的精力会如此充沛呢？因为他们把自己有限的生命投入到了一个无限的、永恒的事业之中，也就从中获得了无限的、永恒的力量。尼采说过，知晓生命的意义，才能够忍受一切。而那些没能找到意义感的人，则是在随波逐流，得过且过，他们是段子里说的"三十岁就已经死亡，只是到了八十岁才被埋葬"的那种人。这里的启示在于，如果我们科研人能在自己的工作中发现意义，赋予自己的科研工作以意义感，那就等于揭晓了精力源源不竭的奥秘。

金字塔的 4 个层级已经介绍完毕，我们可以记住一个公式：好的精力 = 充沛的体能 + 积极正面的情绪 + 随时可以聚焦的注意力 + 明确的意义感。接下来我们要做的，就是在等式右侧的 4 个维度进行持续的修炼，搭建真正属于自己的精力管理金字塔。

4. 自我激励、积极暗示、规律作息、习惯养成

在这一章的最后，我再来补充一个有关维护身心健康，保持精力充沛状态的建议。这个建议是：永远不要忽视心理的力量、规律的力量以及习惯的力量。

第一，自我激励，每天进步一点点。

胡适先生曾经说过一句话，他说："怕什么真理无穷，进一寸有一寸的欢喜。"这是一种典型的"成长型思维"，关注自己一点一滴的进步所获得的幸福感，要远胜于感叹"吾生也有涯，而知也无涯。以有涯随无涯，殆已"所带给自己的无助感。具体

到我们的科研工作，其实我们可以给自己定个小目标，比如每天科研写作 500 字。这个目标很容易完成，每每完成 500 字了，就会有非常确定的"欢喜"。而每天写 500 字，一个月就是 1.5 万字，一年就是 18 万字，不知不觉，一部学术著作的手稿也就横空出世了。想想还是很震撼的。

第二，积极暗示，既然他 / 她能做到，我也能。

这里的他 / 她，可以是你的同事、你的同行，也可以是你读博期间的师兄师弟、师姐师妹。想想看，大家都是一个学院一个系的，或者都是同样的专业背景，学历职称也都一样，凭什么我就比你做得差？这明显没道理呀。再如，隔壁高校的博士师兄从去年年初就开始筹备婚礼，结果这一年下来他论文也没少发，还拿到了一个国家社科基金的年度项目。他一个要结婚的人都能忙得过来，我一个钻石王老五，凭什么不行？……你瞧，不断进行"你行，我也行"的思维训练，进行积极正向的心理暗示，是一种非常好的自我调适方式。

第三，规律作息，找到适合你的工作节律。

每个人的身体节律其实是各不相同的。有的人喜欢早起，一熬夜整个人都不好了；有的人适合晚睡，越晚越精神，但你让他早起简直就要了他的命。同样，每个人工作效率最高、产出质量最优的时段（精力最充沛的时段）恐怕也各不相同。以我自己为例，如果是进行科研写作，午睡起床后的下午三点到六点，晚上十点到凌晨两三点，是我精力最充沛的时段。相信你也知道自己的身体节律，现在要做的就是让自己的身体节律和工作节律相匹配。接下来，我们就按照自己身体的节律来安排作息时间，在工作效率最高、产出质量最优的时段去完成最重要的工作任务，而在这个时候，你的注意力自然也会非常集中。

第四，养成习惯，意义感无法给的，习惯可以。

习惯就好比刷牙，我们当然知道刷牙是有意义的，这是在保护牙齿的健康，有助于提高未来生活质量。但是仔细想想，我们每天刷牙的时候，是因为想到了这些意义吗？是被这样的意义感所激励着，然后去刷牙吗？不是。我们只是形成了习惯，不刷牙就难受呀。反观科研工作，道理也是如此。如果你能找到意义感，在意义感的驱使之下去行动当然最好，但是知易行难，找到意义感的难度是非常大的。那怎么办？很简单，把科研变成一种类似刷牙的习惯。比如，培养每天写作 500 字的习惯，一天不写就浑身难受；培养每天阅读文献半小时的习惯，一天不读还是浑身难受。至于说到意义感，我们可以先养成习惯，然后一边习惯于去做某事，一边继续寻找工作背后的意义感。

科研工作是一场持久战，因此，我们要尽量让自己身心健康、精力充沛，并且要努力让这种状态覆盖我们的整个职业生涯。不要觉得我在危言耸听，君不见，有很多杰出的科研工作者英年早逝，令人惋惜。而另一些人，他们身心健康、精力充沛，不仅可以在科研工作岗位上持续耕耘，甚至还在绝对意义上延长了自己的职业生涯（当然前提是自愿）。他们才是最后的赢家。我由衷希望，我们的每一位读者都能成为后一种人。

Chapter 13
第13章

怎样看清基本盘，科研工作到底是什么？

  提到科研工作，对于行业之外的人来说，还是多少带着几分神秘感的。话说20年前，我带着几分懵懂几分好奇而入行，磕磕绊绊一路走到现在，这个过程也是对科研工作不断祛魅、回归常识的过程。这种祛魅包括但不限于：科研需要高智商；科研需要有灵感；科研需要广泛涉猎；科研需要窍门和捷径……有句话流传得很广，你无法赚到自己认知之外的钱。把这句话用在科研工作上，道理也是同样的——你无法取得自己认知之外的科研成就。这一章，我们要集中回答科研工作"是什么"的问题，帮你形成关于科研工作的基础认知。

1. 科研，就是在垂直细分研究领域"挖呀挖呀挖"

当我意识到科研需要在一个垂直细分的研究领域进行深耕细作（见图 13-1）时，我已经在科研行业混迹多年，甚至成功晋升副教授了。当我这么说的时候，绝非洋洋自得的自我吹嘘，而是一种尴尬的自嘲。要知道，这其实是一种激励的错配，让我以为自己找到了成功的密钥。殊不知这种错误的认知已经让我付出惨痛的代价，只是当时的我还没有意识到而已。正如前文所述，我在后知后觉这件事情上，一直做得比较成功。

铺摊子：

"铺摊子"式的科研会让你以为在往前走，其实只是在原地踏步、越陷越深。

深挖洞：

科研工作的本质，就是在一个选定的垂直细分研究领域持续进行知识生产，也就是"深挖洞"。

图 13-1 科研要"深挖洞"，不要"铺摊子"

"铺摊子"式的科研会让你错过什么

我就不卖关子了，直接给出自己之前的"科研"是怎么搞的。前面我曾多次提及"铺摊子不如深挖洞"，而我最初所谓的科研，说白了就是在"铺摊子"。回想起来，那是我投身科研行业成果产出的第一个"高潮"：在不到 3 年的时间里，我分别完成了执政合法性、执政能力建设、电影叙事中的意识形态、美学与暴力美学、高校德育工作、大学教学管理模式、精神贫困、政治参与等研究主题的论文写作，我还发表过一篇关于电影《女魔头》的影评。每完成一篇论文，我都会沾沾自喜，你瞧，我的创造力爆棚，没有搞不定的主题，一颗学术新星正在冉冉升起。

科研小白在刚上手的时候，容易形成"自嗨式写作"，掉进"铺摊子"的认知陷阱。为什么我把摊子铺到这种地步，却还极力告诉你"铺摊子"不好呢？作为一个过来人，我的肺腑之言是这样的。

一方面，当你可以在多个研究领域发出声音的时候，你发出的往往都是比较业余的声音。这种科研写作的方式会让你显得不够专业。我第一年参加博士考试的面试环节，几位考官翻看我的科研成果目录，彼此对了一下眼神，我还以为他们被我"丰硕"的成果所折服，殊不知在他们的眼里，我就是个玩票的。果不其然，我没被录取。

另一方面，由于这种所谓的科研涉猎领域过于宽泛，会导致你在某一具体研究领域的研究成果积累明显不足。殊不知，无论是科研项目申报还是人才支持计划，都更愿意资助那些"术业有专攻"的专业玩家，而不会资助一个"眉毛胡子一把抓"的业余选手。我在那段时间里的科研项目申报可谓处处碰壁，连个校级科研项目都未能获批立项，道理其实很简单，我的前期成果简直五彩斑斓、姹紫嫣红，是根本骗不到评审专家的。至于说到人才支持计划之类的就更是想都不要想，人家支持的是货真价实、有板有眼的正规军，不是我这种打一枪换个地方的流寇。

说到底，"铺摊子"式的科研会让你以为自己在往前走，其实只是在原地踏步、越陷越深。想想这种认知上的偏误多可怕！

"深挖洞"才更接近科研工作的本质

说到这里,"深挖洞"的好处也就呼之欲出了——你会因此成为专业选手,你是正规军。这才是科研工作的正确打开方式:选定一个专业方向,在一个垂直细分的研究领域之内,十年如一日地持续投放自己的时间精力。当你这么做了之后,只要你的"挖掘技术"不太离谱,那么最多 5 年,这个领域的同行学者就会注意到你,10 年之内你就会成为该领域的资深专家。而科研工作的本质,也就是在一个选定的垂直细分研究领域持续进行知识生产,也就是"深挖洞"。那么,我们该怎样判断自己是不是在"深挖洞"呢?

第一,这个标准主要来自你自身。把自己的知识准备和理论水平、兴趣点和关注面、研究能力与专业素养等内容带入进去,是否足以支撑深耕这个研究领域呢?换句话说,这个问题要留给我们自己才行,没有人比我们更了解自己。对自己而言,我究竟是在"铺摊子"还是在"深挖洞",其实是十分清楚的。比如我,我那些年就是典型的"铺摊子"。

第二,你的行动本身会揭晓答案。对于这个问题,单纯去想、去看是没有意义的,要付诸行动,在做的过程之中进行判断和衡量。与其坐在那里纠结,不如立刻行动起来。文献读起来,论文写起来,项目申报书也搞起来。而一旦我们真的采取行动,真的"挖呀挖呀挖"了,答案自然就会显现。这是一个需要"躬身入局"才能得到答案的事情,它是行动哲学,不是思辨艺术。

第三,不要忽视"挖掘技术"的迁移能力。有的人可以在多个垂直细分领域进行深耕,这和"铺摊子"是有本质区别的。这种人一般是在某个领域做通透了,再把自己在这个领域形成的"挖掘技术"迁移到其他领域。这就不是玩票,而是在攻城略地、开疆拓土了。当我们找到自己的垂直细分研究领域，也完成了"挖掘技术"的锻炼与提高，也可以考虑去挖另一个洞。

至于怎样选定自己的垂直细分领域，我将在本书的第 17 章里再具体讨论。

2. 任何科研成果的获得，都是小概率事件

之前我介绍过自己在论文投稿过程中的遭遇，也讨论过自己申报科研项目、申请科研奖项的失败经历。其实，能被科研评价体系认可的每一项科研成果的获得，也遵循同样的道理。任何科研成果的获得，都是小概率事件。

一场围绕小概率事件展开的竞争

必须承认，现在无论是发表论文、出版专著、申报科研项目还是参评科研成果奖项，竞争都是非常激烈的。如果你是自由投稿，现在 CSSCI 期刊的论文投稿命中率恐怕只有 2~5 个百分点；出版专著，从选题立项到书稿的三审三校再到形式审查和意识形态审查，出版周期明显变长不说，还不排除最后关口的意识形态审查不通过的可能性；申报国家社科基金年度项目，在顺利通过学校初评、省内初筛的前提下，获批立项的概率不会超过八分之一；教育部人文社科研究一般项目、青年项目的平均立项率从十几个百分点逐年下降到只有 7 个百分点，其他各级各类科研项目的立项率也不乐观；参评高级别科研成果奖项就更是群雄逐鹿，越是重量级奖项，竞争就越激烈。

所以，如果你在开始科研工作的起点就只想着自己能够一路过关斩将、高歌猛进的话，那我恐怕要给你泼冷水了。这样的人

的确有，但那只是极少数天赋异禀并且运气爆棚的人。如果你是和我一样的普通人，那就要接受现实，做好接受失败、承受挫折的准备。否则，你的想象会让你承受双重打击：一个是现实中的失败，另一个是美好幻想的破灭。如果缺乏对失败的心理准备和对挫折的承受能力，恐怕不适合做一个科研人。

在现行科研评价体系之下，科研工作者所从事的是一项概率优势明显不站在我们这一边的工作。而从事科研工作的很多无谓的烦恼，都来自忽视了这一点。那么，怎样才能不被小概率事件所伤害呢？

不被概率劣势伤害的几点建议

第一，接受现实，调整预期。

接受现实是面对劣势的第一步。而且受到斯多葛主义的启发，我们甚至可以更进一步，那就是，只要小概率成功的事件没有发生，我们就当它并不存在。论文投稿，只要还没见刊，就当它会被退稿；出版专著，只要没有收到样书，只当它没办法出版；申报各级各类科研项目，提交完申报材料之后，就直接忘记这件事；参评各级各类科研成果奖项，也是同样的道理。如此一来，我们就不会被大概率会发生的事情所伤害，也更能体会小概率成功带来的惊喜和快乐。

第二，多向赢家学习，提高获胜概率。

虽然科研领域的每次成功都是小概率事件，但在事实上，它一直都在发生着。君不见，那些让我们心驰神往而不得的期刊，每期都有人在上面发表论文；那些同样让我们望眼欲穿的项目和奖项，也总会有人"抱得美人归"。多向这些获胜者去学习，可以提高我们的获胜概率。正如郑钦文、全红婵、巩立姣、马龙、汪顺、朱婷、孙颖莎……这些在巴黎奥运会上大放异彩的冠军运动员会成为其他运动员的榜样那样，我们也要找到自己的榜样，努力学习他的成功经验。

第三，致力于长期，不去纠结一时的得失。

那些喜欢"盯盘"，关心股市短期波动的业余投资者（散户）很难通过炒股获利；而那些不关注股市短期波动，严守交易纪律、奉行长期投资原则的散户更有机会赚到钱。行为金融学的研究结论对我们对抗概率劣势也有启发。论文要长期写作、持续投稿，科研项目要一直申报，不被某篇论文的退稿和某次项目申报的失利所影响。那些取得一项又一项高价值科研成果的人，不一定比你有才华和天赋，他们很可能只是比你坚持得更久，同时得到了运气的加持。

改变不了基础概率，就去改变观念，就去改变行为。而随着观念和行为的改变，作为个体的你，获胜概率会得到实实在在的提升。

3. 科研能力的提升，重在"正确的方法持续做"

科研能力的提升对于科研人有多重要，恐怕就不用我再多说了。怎样提升科研能力才是问题的关键。在我看来，提升科研能力的前提是把它的内容梳理清楚，再通过刻意练习的方式来提升这些能力。而说到刻意练习，简单来讲就是要运用正确的方法持续去做。

科研能力的 3 个构成模块

结合个人科研工作经验，我尝试从理想类型的角度给出一个比较粗糙的科研能力结构框架。如图 13-2 所示，在我看来，科研能力由宽基能力、专精能力和规划能力 3 个模块共同构成。其中，宽基能力是科研能力的基础，专精能力是科研能力的赛道，而规划能力是整合前面两个模块的能力，去达成面向未来的科研工作目标。

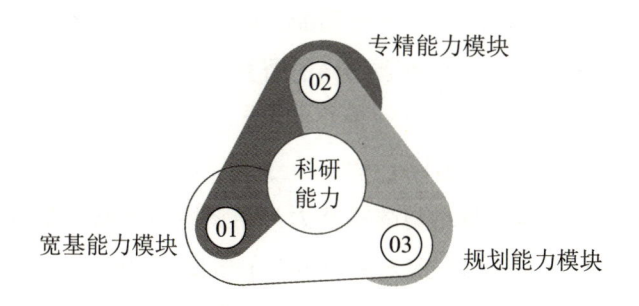

图 13-2　科研能力三模块

第一，宽基能力模块。

宽基能力属于通识与基础能力，构成了科研能力的"基础设施"，是无论从事哪种科研工作都无法绕开的能力。具体来讲，宽基能力主要包括道德能力、学习能力、写作能力、协作能力、沟通能力、演讲能力、科学思维能力等。这里的道德能力主要是识别科研议题在道德伦理上是否具有正当性的能力；科学思维能力主要是在科研工作中，为保证研究的科学性而正确运用科学思维方法的能力。这里的科学思维方法主要包括逻辑思维、批判性思维、科学推理（包括归纳推理、演绎推理和类比推理）、科学论证（包括实验论证和理论论证）等。至于其他能力，就是我们通常所理解的意思，就不在这里赘述了。

第二，专精能力模块。

专精能力属于专项领域的能力，是建立在宽基能力这个"基础设施"之上的，通向某个具体研究领域的"专业赛道"。专精能力在很大程度上构成了进入这一具体研究领域的"护城河"，需要经过一定强度和一段时间的专业训练才能获得。具体来讲，专精能力主要包括识别与定义问题的能力、收集与分析数据的能力、检索与阅读文献的能力、提出与验证假设的能力等。正如你已经发现的那样，这里我对专精能力的介绍也是从不同专业赛道的共性角度来谈的，具体到不同的研究领域，对于以上能力的具体要求也是各不相同的。

第三，规划能力模块。

规划能力属于策略与战略能力，是调用、汲取和整合宽基能力和专精能力去达成面向未来的科研工作目标的能力。具体来讲，主要包括领导与实施科研项目的能力、制定和管理科研工作目标的能力、适应能力、迁移能力、创新能力、决策能力等。如果前面两个模块的能力是可以被静态描述的能力，属于横截面能力，那么这个模块的能力是需要从动态进行把握的能力，属于管道型能力。这其中的适应能力偏被动，主要是指外部环境发生变化时，可以调整科研工作目标以适应这种变化的能力；迁移能力则偏主动，主要是指把在某个研究领域打磨成熟的专精能力迁移到其他研究领域的能力。

提升科研能力的关键在于刻意练习

如果只是希望胜任眼前的工作，那么对科研人的能力要求并不算高，稍微努力一下就都能达到。然而问题在于，鉴于行业发展的日新月异以及外部环境的剧烈变化，每位科研人都面临着一种事实上的"选择压"，我们得尽力奔跑才能留在"原地"。提升科研能力是一条永无止境的道路，我们每个人都走在这条路上，需要持续努力。

那么，怎样提升科研能力呢？《刻意练习》的作者安德斯·艾利克森给我们吃了一颗定心丸：不论你在什么行业或领域，专家级水平都是可以逐渐训练出来的。他在书中指出，只要遵循"5个黄金法则"进行刻意练习就可以了。有了《刻意练习》给我们提供方法支持，想要提升科研能力并不难。我把它概括为一个口诀，那就是"正确的方法持续做"。

下面，让我以科研能力中的"收集与分析数据的能力"为例，把艾利克森提出的"5个黄金法则"介绍给你。其一，一定有专家知道该怎么收集与分析数据，并且已经总结出培养这项能力的方法。现在，去找到它们。其二，只有当你走出舒适区，不断尝试和突破目前的水平时，你收集与分析数据的能力才有可能提升。这个过程往往并不会让你快乐。其三，若想提升能力，就必须要有清楚明确的目标，一个模糊的改善性的目标于事无补。尝试着去做"我要了解近5年国家社科基金年度项目立项率的变化，并分析造成这种变化的原因"，而不是去做"我要了解科研项目立项率的变化对广大科研工作者意味着什么"。其四，仅仅遵从专家或者书本的指导来收集与分析数据是不够的，必须全神贯注，明确自己每一步行动的具体目的。其五，获得意见反馈很重要，可以请你的团队成员、导师、同学或同事就你收集与分析数据的过程及结果提供反馈意见，这样你才可以不断调整和优化努力的方向。

你瞧，以上这5点都没有脱离"正确的方法持续做"这个口诀，希望上述讨论对你有启发。需要提醒的是，知易行难，真正拉开科研人之间能力差距的，是执行力。

4. 写作能力对科研工作目标的达成很重要

在本章的最后，我想再单独强调一下写作能力对于我们顺利开展科研工作、达成科研工作目标的重要性。按照前面的类型划分，写作能力属于宽基能力模块，是"基础设施"级别的能力，其实这个道理很简单，我们肉眼可见的各种科研成果，或者直接就是写出来的，或者是要用写作的方式来呈现的。

回归常识：写作能力要在写作中提升

在现行的科研评价体系之下，我们各个专业领域之内的科研工作，重心都在写作。原因很简单：那些可以被纳入科研评价指标的"成果"，都是写出来的。君不见，论文是写出来的，专著是写出来的，研究报告是写出来的，项目申请书是写出来的，咨政报告是写出来的，科研成果奖项的请奖申请书是写出来的，研究计划书、中期检查报告、结项报告甚至科研经费预决算等，也都是写出来的。无论我们所从事的具体科研工作差别有多大，最后全都殊途同归了，因为大家都对写作能力有"刚需"。

好了，气氛营造得差不多了，写作能力该如何提升呢？如果你和我一样是普通人，那么凭借20年的科研写作经验，我可以负责任地告诉你：写作能力就是在具体的、实实在在的、一个字一个字的写作过程中，硬生生培养出来的。还记得欧阳修《卖油翁》里的那个身怀绝技的卖油翁是怎么说的吗？——"我亦无他，惟手熟尔。"哪有什么秘诀，只是手法熟练而已。写作就是个熟能生巧的过程，所有的方法论和经验之谈，不经过一直写一直写一直写（具体请参考前文刻意练习的"5个黄金法则"）的千锤百炼，就无法提高。

提升写作能力的最好方式是：选定一个具体目标（比如一篇论文），然后坚持写下去。不积跬步无以至千里，不论多么伟大的梦想，也得踏踏实实、一步一个脚印地去刻意练习，功到自然成。

积沙成塔：小目标和微习惯能提升写作能力

既然写作能力要通过写作来提升，那么我能想到和提供的一个建议是：定个小目标，养成微习惯，比如每天雷打不动，科研写作 500 字。

每天 500 字的科研写作看起来稀松平常，可一旦坚持下来，这其中迸发的巨大力量也许会吓到你。我们来算一笔账。比如，每天 500 字，一个月 30 天就是 1.5 万字。怎么样，妥妥一篇论文也就写出来了。然后，一年有 12 个月，如果一年内我们能写出来 12 篇论文，这就是非常了不起的成绩了，可以说超过了绝大多数的同行。然后，这一年写出来的文字积累下来也有 18 万字了，妥妥一本专著了。一年写一本专著，10 年就是 10 本，是不是很了不起？就算打个对折，那也是 10 年写出来 5 本专著，想想都觉得兴奋。

当然你可能会质疑，说我选择性地忽视了把每天这 500 字组合拼装起来形成科研成果的难度。为了避免这种铺摊子式的写作所带来的"散装困境"，我们还可以再给这个建议打个补丁。那就是制订一个科研写作的规划（还记得规划能力模块吗），然后把这个规划落实在写作计划表里。我自己的做法是，以"周"为进度条，以"月"为单位，做一张科研写作计划进度表，来督促自己完成每天的写作任务。比如，我以完成一部 18 万字的著作（书稿）为目标，每天 500 字，然后随着完成字数的增加，选择其中相对完整和成熟的内容，拆分成小论文去投稿，等于是给自己一些阶段性的奖励。最终，在拆分出系列论文的同时也逐渐完成这部著作的写作计划，然后可以用这部著作申请国家社科基金的后期资助项目，如果有幸获批立项，我们还拥有了一个国家级的科研项目。等项目结题，著作出版之后，我们还可以用这部著作去申请各级各类的优秀科研成果奖。怎么样，是不是觉得电视剧都不敢这么拍？但是我们这科研写作规划的格局可是真真切切地打开了，思路也清晰起来了。

狂飙突进：高强度的写作实战带来能力跃迁

和积沙成塔这种"笨办法"相对应的，其实还有另一种提升写作能力的建议，那就是在外部时间节点的倒逼之下进行高强度的持续写作，是谓"狂飙突进"。比如，前面介绍过的，我曾经用9个月的时间写出了自己的博士论文；我还曾经用3个月的时间，用一部完成了80%的书稿去申请了国家社科基金后期资助项目。这都是发生在一个有着明确外部截止日期、持续一段时间的高强度科研写作事件。这种写作方式无疑会对我们的身心造成很大压力，但是说到效果，这种高强度的写作实战是有机会带来写作能力的跃迁的。如果你的身心健康状况良好，扛得住高强度、高压力，不妨一试。

想让高强度的科研写作实战真正带来写作能力的跃迁，还有如下注意事项。其一，参考文献的质量非常重要。科研写作离不开参考文献，要尽量选取经典文献、高被引文献、本领域公认的一线学者的文献，或者新近发表在权威期刊、高级别期刊上的高质量文献。这会让你一上手就是巅峰对决、华山论剑，而不是贴地飞行、地沟里火拼。其二，写作的态度非常重要。只有那种本着认真负责的态度，求真务实、一丝不苟、踏实肯干的写作者，才能在保证写作质量的同时带来写作能力的跃迁。反之，如果就是打算随便糊弄一下，报着应付了事、不求甚解、得过且过的态度来进行写作，那后果可想而知——不仅无效，甚至有害。其三，对自己的写作能力有信心也非常重要。事实上，科研写作的过程会一直很艰难。开始的时候，我们会认为开头比较难，一旦开了个头就会好点儿。等到真的开了头会发现原来第一章才是最难的。等到终于写完第一章，可以松一口气的时候才明白，原来第二章真叫一个难……是的，科研写作就是很难，持续的艰难，而这个时候，信心也就价值千金了。面对高强度的写作实战，我们的内心戏应该是这样的：我知道这很难，一直都很难。但是我更清楚，我总是可以逢山开道、遇水搭桥，兵来将挡、水来土掩，我总是可以逢凶化吉，稳步推进，最后的胜利一定是属于我的。这不是鸡汤。事实上，如果你问已经持续写作 20 年的我，哪一次科研写作最难？我的答案一直会是下一次。好消息是，我坚信自己可以完成下一次写作任务。

  好了，以上就是我对科研写作能力的所思所想，希望对你有启发。要知道，我曾经是一个连写作文都被高中语文老师嫌弃，让我多向同桌学习的孩子，现在摇身一变，成为好歹也发表了 50 多篇 CSSCI 论文、出版多部学术著作（还有零售图书）的大叔。虽然过程曲折些，道路漫长些，但是写作能力总还是在步步提升。相信你也能做到。

Chapter 14

第 14 章

科研人的身份，究竟该如何定义？

看清科研工作的基本盘，形成对科研工作的基本认知之后，我们再来看一下从事这项工作的人——科研人。所谓科研人，也就是我们一直在讲的科研工作者，那么，一个合格的、称职的、有机会取得成功的科研人的身份，究竟该如何定义？人们常说"身份决定立场"，其实身份的定义也在很大程度上决定了科研人取得科研成果、获得职业成就的上限。在我看来，科研人的身份是复合型的、叠加态的。而如何定义和理解自己作为科研人的身份，将直接影响我们职业生涯的前景和未来。

1. 科研人是玩家、教练和老板

如果你把科研人定义为是在科研工作第一线从事知识生产的人，是在一个成建制、有组织、责权利边界清晰的系统里充当"一颗螺丝钉"，还信奉什么"我是一块砖，哪里需要往哪搬"的信条，那么必须指出，这个观点不仅陈旧，而且有害。我们虽然奋战在科研工作的第一线，但这项工作的主动权是要牢牢掌握在自己手中的；我们也不单纯是唯命是从、令行禁止、亦步亦趋的雇员，而是拥有掌控感和影响力的"自由人"，我们的身份不是一线雇员，我们能做的也要比"螺丝钉"和"一块砖"多得多。在我看来，科研人要有三重身份（见图14-1），即玩家、教练和老板。

图 14-1　科研人的三重身份

视自己为玩家而不只是雇员

从法律意义上讲，我们当然是委身于某个科研机构的，算是这个机构的雇员。然而，如果你因此就把自己的身份定义为雇员，那就大错特错了。我们科研人不能把法律所定义的底线当作追求，要有更高的标准，更远大的目标和更大的格局。

我们先来看看如果把自己的身份定义为雇员会发生什么（事实上，它正在绝大多数人那里发生着）。在雇员的眼中，世间的一切都应该严格按照规则来进行，世界就像一台巨大的机器，而我们，都是这架机器上的零件。说得再直白一点，我们是"工具人"。开始的时候，我们都是被标准化的学校教育批量生产出来的合格毕业生，接下来我们通过标准化的流程（求职应聘）进入了以社会分工为基础的不同行业赛道，在各自不同的岗位上以完成考核任务为目标进行工作。因此，服从和执行命令，墨守成规，照章办事就成了常态。

你可能觉得这也很正常，社会既然用这样的方式在运转，它自然就是漫长社会演化得来的当前社会最优解。是的，对此我也没有疑问，我又何尝不是一个雇员呢？然而真正的问题在于，如果你只按这种社会规则来定义自己的身份，就未免太辜负自己的职业生涯了，这显然不是你的最优解。不想当将军的士兵不是好士兵，你若想取得成就，得先从定义自己的职业身份开始。比较而言，科研人更接近玩家而不是雇员。这里最大的差别在于：是否让渡主动权。雇员用让渡主动权的方式换取确定性，以为可以旱涝保收、岁月静好，殊不知这种让渡既不能让你获得确定性，还让你失去了自己最该掌控的部分。玩家则不同，他们是主动参与游戏的，他们有掌控感，是负责全力以赴执行任务的人，是坚信发挥个人主动性可以对结果产生影响，甚至影响游戏规则的人。玩家是真正做事的人，是躬身入局的人，我们至少要成为玩家。

做自己的教练而不只是玩家

哪怕只是粗略讨论，玩家的身份相比于雇员来讲，其优势也是非常明显的。然而只做玩家还不够，因为玩家想要赢得游戏，还需要有自己的教练，是那种提供一对一指导的，量身定制的教练。

正如字面意思所言，教练不直接参加游戏，不从事具体的科研工作了，但他的作用是不可替代的。教练之于玩家的作用，包括但不限于：帮助玩家分析学界研究现状，和玩家通过讨论和商议来选择优势研究领域，锁定科研选题；指出玩家在具体研究过程中存在的不足和问题，提供认识问题的心法和解决问题的方法；关心玩家的饮食起居，指导玩家养成良好的生活习惯和运动习惯，帮助他以最好的身心状态投入到比赛之中；给玩家提供情绪价值，包括积极正向的鼓励，不离不弃的陪伴；等等。

也许你会说，慢着，可我就只有一个人啊，我怎么能既当玩家又当教练呢？你当然可以。脑科学研究表明，大脑是个"多元政体"，每次大脑在做出决策的时候，就是听任脑袋里的各方各抒己见、相互争吵，最后谁的理由听起来最充分，甚至是谁的嗓门大，就听谁的。在我们从事科研工作的时候，完全可以在我们的大脑里选择一个固定的声音充当自己的教练。这样一来，每次当玩家身份的你投入具体科研工作的时候，教练身份的你就可以随时随地跳出来，发挥他的作用。

当自己的老板而不只是玩家和教练

当好自己的教练，从而让自己作为玩家的水平得以持续提升，完成一项又一项的科研任务，取得一个又一个的科研成果，这自然是非常美好的状态。然而真正的高手并不满足于此，他们会更进一步，尝试做自己的老板。

老板是干什么的？对，他是拍板做决定的。老板是那个需要做出决策，并对决策后果负责的人。不管决策是对是错，他都要负责。正是由于老板需要对自己的决定负责，所以他在信息、感受、认知、期待和格局层面的见识水平，绝非普通玩家乃至教练所能比拟的。他才是真正的利益攸关者，他必须想办法让公司活下来、活得好。如果我们把自己看作一家公司，那么我们责无旁贷地就该是这家公司的老板。具体到我们科研人这里，我们得有规划能力，得有为了达到某个目标而去整合调配资源的能力，如果自身并不具备，我们还得向外部寻求。老板的身份决定了我们要站在学科专业发展的趋势、研究问题未来的潜力、现有研究面临的潜在风险等多个维度，拿出系统性、全局性的战略方向，辅之以实现这一战略的具体策略。

延续前文的讨论，老板就是我们大脑"多元政体"里的又一个声音。如果之前你曾经忽略了这个声音，或者根本就没有注意到它的存在，那么从现在开始，要有意识地培养出这样一个声音。这个声音将引领你穿越迷雾，摆脱眼前的琐事烦扰，实现你的人生大战略。这才是你一生的故事该有的样子。

究竟该如何定义科研人的身份？一个合格的、称职的，从而有机会取得成功的科研人，应该兼具玩家、教练和老板 3 种身份。而且，只有让这 3 种身份各司其职而又相互影响，形成一个系统，共同发挥作用，才能真正让作为科研人的我们小宇宙大爆发，取得世俗意义上的成功。我相信行文至此，你也能够理解为什么那些学界大咖，既不是最有才华的人，也不是最会运营的人，更不是拥有最多资源的人，而是能同时把这 3 种身份的职责发挥得最好的人。本章接下来的内容，将分别介绍这 3 种身份的职责及其如何发挥的问题。

2. 用玩家身份逼自己全面落地执行

玩家是科研人的第一个身份，也是 3 个身份之中最基础的身份。如果我们科研人还没有从雇员成长为玩家，那么教练的作用、老板的作用也就无从谈起。因此，我们先讨论一下要想成为玩家需要具备的特征。那些能够全力以赴地把科研规划和工作任务落地执行的玩家，才值得教练去手把手指导，也配得上老板的资源加持。而一个能够乐在其中、充满激情、斗志昂扬的玩家，则是玩家中的"战斗机"。

玩家都是一些什么样的人？

和雇员相比，玩家并不是个叛逆的青春期少年，他是不需要违反规则的，但是他知道怎样让规则为我所用，明白哪怕身在雇员的岗位上，也存在着广阔的施展能力与才华的空间。他们对"世界是一台机器、社会依照一套标准化的流程来运行"这种比喻并不抵触，也可以和其他雇员并肩作战，一起去做个螺丝钉或者砖头，只是他相信自己可以争取到更好的结果，并且时刻为此进行着准备。

在我看来，玩家有着强悍的学习能力，喜欢用"试错"的方式来探索知识的边界，不需要别人告诉他什么是对什么是错。玩家对于掌控自己的工作抱有坚定的信念，他们懂得运用科学思维来检索文献、收集信息、提出假设、寻找论据、验证结论，对自己正在进行的研究工作充满好奇。同时，玩家会主动与同领域、同行业乃至跨领域、跨行业的其他科研工作者合作，就算他的沟通能力并不强，但只要有助于他的研究进展，他就会一直保留沟通的意愿。玩家最重要的特点在于主动性，不是领导交代了做什么才去做什么，而是明确知道自己想做什么，就主动去做。玩家还需要有点创造力和冒险精神。此外，玩家对于成功的评判标准不是外界给的，而是听从自己的内心。如果两者重合就皆大欢喜，如果两者南辕北辙就坦然接受，并且尽量不受外界评价的影响。

玩家是怎样的一种人？是把自己当成主人，到哪里都有主场感，拼尽全力，朝着自己向往的成功一路奋战的人。他们有可能失败，但不会把失败归咎于其他人或者外界，相反，他的耳边会响起约翰·列侬的金句："所有事到最后都会是好事。如果还不是，那它还没到最后。"他们愿赌服输，能够接受失败，愿意总结经验教训，不会放弃对美好未来的追求。

怎样成为一个合格的玩家？

一个合格的玩家，至少应该具备3个特征：克制、现实和严谨。这3个词看似很普通，想真正做到还是很有难度的。

第一，克制。

他明白科研工作是一场无限游戏，因此不太看重每次比赛的输赢。这一局不论是赢是输，既不会影响他是谁，也不会影响他会成为谁。这次晋升教授职称失败了，没关系，明年再来。而现在，他还可以继续和晋升教授的人交朋友。他懂得成功的反义词不是失败，而是平庸。事实上，成功和失败拥有非常接近的禀赋和素质。想想美国的总统大选，那个未能当选总统的人，显然不是一个平庸的人。同时，他明白遵守规则的重要性，重要的不是怎样赢，而是怎样在发现自己要输了的时候能不掀桌子，继续玩下去。那种赢了就得意忘形，输了就怨天尤人的做法，是最低劣的行为。只有坦然接受失败的人，才有资格获胜。

第二，现实。

他是对取得科研成果的各种幻想和捷径实现祛魅的人。他考虑问题的基点是且只是现实，从不会考虑什么一劳永逸、一招制敌。他知道，真实世界里没有捷径可走，幻想也于事无补。因此，当他遇到问题的时候，更愿意去寻找那些现实约束条件之下的局部最优解，也更愿意依赖常识去做出决策。比如，想在权威期刊上发表论文，他首先对这件事的难度有清晰的认识，然后会去查阅期刊的栏目设置以及近3年的发文选题，看看这个期刊对自己的研究领域是否友好。接下来他会通过认真阅读和学习，初步评估自己投稿论文较之已发表的论文，创新之处在哪里，完成质量高不高，如果觉得还差些火候，需要在哪些方面进行努力。你瞧，这些思考和行动都是基于现实，也都是常识，却会实实在在地有助于目标的实现。

第三，严谨。

他不轻易挑起争论，不会轻易表态，并且时刻注意自己的言行。华莱士·塞尔有句名言被称为"塞尔定律"，他说在任何争论中，感情的强烈程度和所涉及利益的价值成反比。我们经常能看到一些网络大V在社交平台发表自己的观点与主张，彼此吵得不可开交，甚至相互攻击，大学里的教授也未能幸免。说到底，他们之所以如此感情用事，还是因为涉及的利益价值太小了。如果想在科研行业获得影响，你就得注意自己的影响。因此，我们得爱惜自己的羽毛，那些有可能给我们带来学术不端风险的科研成果就不要去发表，那些不利于我们"严谨"形象塑造的言行也不要去说、不要去做。

3. 用教练身份帮自己选择优势赛道

接下来，我们看看科研人的第二个身份——教练。科研人能把自己的身份定义为玩家，并且为了成为合格的玩家而努力就已经非常优秀，要是再有了教练身份的加持，就更是如虎添翼。而且，由于这种教练的身份是完全内在的，是作为科研人的一个内在"分身"而存在，它的好处是显而易见的。

内在教练的几点好处

第一，成本低，上手快。如果请教练的话，效果怎么样先不说，这成本支出首先就上去了。内在教练呢，不仅没有什么额外的开销，还能随时随地开工，随叫随到，并且提供的还是一对一的指导。

第二，知根知底，容易磨合。教练和我们从陌生到熟悉，再到建立信任关系开展合作，是一个耗时费力的过程，难免会有磕磕绊绊，需要磨合。内在教练就完全不存在这个问题，一拍即合，直接上手。

第三，沟通过程丝滑，信息传递精准。就算已经建立信任关系，教练和我们在情感沟通和信息传递上也还是面临着不小的挑战，进而影响合作的效果。内在教练的优势在于，无论是情感沟通还是信息传递，都能做到毫无保留、高度保真，实现沉浸式"秒懂"，甚至都不需要语言和表情做辅助。

说来说去，内在教练只有一个问题，那就是得让这位教练真的具备教练的素质和水准才行，否则就会出现一将无能，累死三军的情况。那么，该怎样提升内在教练的素质呢？如图14-2所示，有三阶。

第一阶 成为玩家的科研合作伙伴、合伙人

第二阶 拥有独立于玩家的审稿人/评议人视角

第三阶 具备帮助玩家选择适合自己的赛道的能力

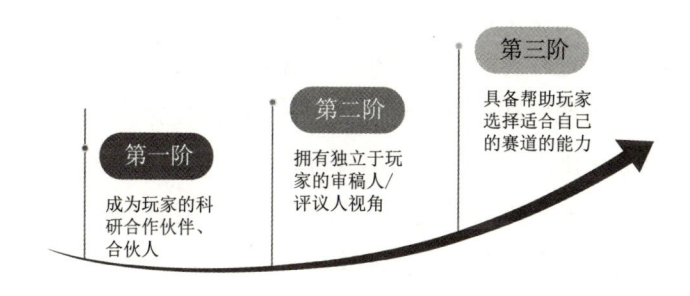

图14-2 内在教练的进阶路线图

内在教练的进阶之路

第一阶，成为玩家的科研合作伙伴、合伙人。作为利益攸关方，教练要全方位介入玩家的日常科研工作之中，发挥导师兼伙伴的作用。至于说这种作用具体表现在哪些方面，我们在本章第一部分中已经有过交代，这里不再赘述。一般认为，内在教练通过提问来介入玩家的日常科研工作，发挥参与式引导的效果会比较好。比如，当玩家打算通过分析学术研究现状来锁定科研选题的时候，教练可以问：对于学术研究现状的梳理是否还有遗漏？这种重理论、轻应用的研究取向说明了什么？如果想做这项偏应用的科研选题，除了它的应用属性之外，我们的贡献最有可能体现在哪里？这个贡献是否足以支撑我们为此付出的成本？等等。《清单革命》的作者阿图·葛文德指出，列出问题清单可以帮我们持续、正确、安全地把事情做对。这一阶的教练，等于是为玩家提供了一个实时更新的问题清单，帮助玩家在日常工作中把事情做对。

第二阶，拥有独立于玩家的审稿人/评议人视角。教练可以帮助玩家看清自己的优势和短板。我们很多科研人在做事的时候，往往会因为自己对某个研究领域或某项科研成果倾注了心血，或者单纯就是为了维护面子，不愿意面对批评意见。如果你拥有一个内在教练，则不会有这种感情上的困扰。当你把科研人的身份定义切换到教练，就可以把那个作为玩家的自己抽离出来，完全站在审稿人/评议人的视角，客观分析自己从事某项研究工作或取得某项科研成果的优势，也会冷静指出其中存在的问题和不足。这就等于在我们真正面对同行评议之前，先给自己增加了一个"安全阀"或"缓冲器"，有助于我们提早发现问题，及时把问题消化掉。

第三阶，具备帮助玩家选择适合自己的赛道的能力。可以把这里的赛道理解为从事科研工作的主攻方向。麦肯锡公司的一项研究表明，超过70%的公司利润是随着行业趋势的上升而上升的。这意味着选择行业就像选择坐电梯还是爬楼梯那样，只要你选择了坐电梯，不用费劲就可以被趋势带动着向上走；而一旦你选择了爬楼梯，那就不仅很费劲，效果还不好。这个道理用在个人身上，用来讨论我们科研人的研究方向问题，道理也是一样的。就好比体育比赛那样，同样是奥运冠军，网球运动员的收入要远高于羽毛球运动员，虽然这两项运动看起来差异并没有那么大。请原谅我的功利主义观点，选择赛道要远比天赋、能力、努力等重要。那么，谁来帮助科研人选择赛道呢？教练的三阶能力就登场了，他要有帮助玩家选择最适合玩家，同时拥有无限发展可能的赛道。

4. 用老板身份为自己整合外部资源

你一定听说过"二八定律"。如果你能把科研人的身份定义为玩家和教练，并且朝着合格玩家以及一二三阶教练的方向在努力，那么你已经超过八成的科研人，跻身科研人的前列。如果还想更进一步，领略"会当凌绝顶，一览众山小"的美景，你还要完成科研人的另一个身份定义，那就是老板。我们先来看一个例子吧，看看洛克菲勒是怎样成为"石油大王"的。

老板思维如何成就洛克菲勒

洛克菲勒是西方世界公认的首富，他只读了 3 个月的大学就辍学求职，谋得一份贸易公司记账员的工作。之后，由于他意识到南北战争不可避免，于是通过囤积物资而在战争期间赚到了人生中的第一桶金。后来，在经历了较为艰辛的创业过程后，他终于在市场接近饱和的时候，拥有了一家每天可以生产 500 桶煤油的炼油厂，这就是后来的标准石油公司。

那么，洛克菲勒是怎样领导自己的公司在一个遍地开花、竞争激烈的行业里发展成为巨无霸的呢？这就要说到他的"老板思维"了。其实我们完全可以从"标准石油"这个名字里一窥究竟。因为当时林立的炼油厂的技术参差不齐，原油质量就极不稳定，此外由于市场竞争激烈，大家都在竞相降价，也就没有什么利润。而没有利润就没办法改进技术，产品质量就没办法保证，导致恶性循环。洛克菲勒是这样做的：其一，买回合伙人手中的股份，让自己拥有了公司的话语权；其二，提高技术含量，改进生产工艺，向市场提供最稳定、最安全的煤油产品（标准石油），获得了市场的认可；其三，并购和整合了当地的二十多家炼油厂，实行统一的产品标准；其四，整合并打通了本地包括采油、炼油、运油、销售在内的整个行业的上下游，实现了从开采石油到把标准产品销售到每一个消费者手上的全产业链把控；其五，进军全国，创立"托拉斯"，逐渐垄断了美国80%的炼油工业和90%的油管生意。此举也被其他行业纷纷效仿，托拉斯在全美各地迅速蔓延开来。从此，洛克菲勒不仅成为世界首富，也成功造就了美国历史上一个独特时代——垄断时代。

现在，让我们做一下复盘。前面我们说过，老板就是拍板做决定的人。为了能让炼油厂活下来并且活得好，洛克菲勒做出一系列决定。面对重重困境，他先是让自己成为说了算的人，成为真正的老板，然后开始通过提高产品质量的方式让公司在市场竞争中拥有优势，得到消费者的认可，确保公司能够活下来。再之后，他开始系统整合炼油行业以及上下游的资源，最终让公司取得了全局性胜利。在面对和当时林林总总的炼油厂同样的约束条件的时候，他依靠自己的老板思维改变约束条件，杀出重围，取得了举世公认的成功。

可以不当老板，但一定要有"老板思维"

可能更多的科研人并不想要去当老板，更没有什么机会去成为像洛克菲勒那样的人。毕竟，那种时代的红利和运气的加持是可遇而不可求的。但是重点在于，我们一定要有"老板思维"（见图14-3）。而让科研人拥有玩家和教练之外的第三种身份，做自己的老板，就是获得"老板思维"的最好方式。

如前所述，老板在信息、感受、认知、期待和格局层面的见识水平，绝非玩家乃至教练所能比拟的。为了更好地履行老板的职责，持续做出正确的决定，我们可以在以下几个方面做更多的思考和布局。其一，在信息层面，要持续关注和了解本学科专业与相关学科专业发展领域的最新进展，打破信息差，努力让自己成为可以在信息差中受益的那一方。其二，在感受层面，要持续观察本学科专业乃至整个科研行业的发展趋势并形成自己的结论，进而带着这种观察结论去捕捉新的信息，不断校准和更新你的感受。其三，在认知层面，要在信息和感受的合力之下，形成对本学科专业乃至整个科研行业的基础认知。它的内容包括但不限于：未来10年，本专业学科乃至科研行业有哪些事情是不变的，这意味着什么？又有哪些事情是一定会变的，对我的启示又会是什么？等等。也是同样，这个认知也不会一劳永逸，而是持续迭代，不断提升的。其四，在期待层面，要基于信息、感受和认知形成对于"我想成为谁"的期待，进而把这种期待落实为日常科研工作中的具体策略，同时保持"具体问题具体分析"的弹性和空间。其五，在格局层面，要具备"跳出科研看科研"的视野和眼光，善于运用系统思维和整体性思维，规划"我"作为科研人的，可以覆盖自己全部职业生涯的发展战略。

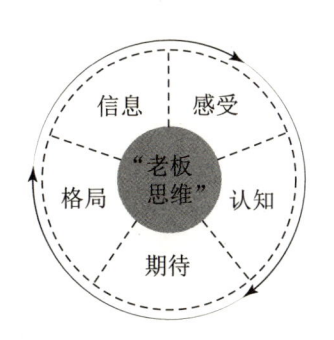

图 14-3 "老板思维"5个要素

总之，可以用玩家、教练和老板这3个标签来定义科研人的身份。当我们以玩家身份出场时，要发挥主动性、保持主场感，力图全面落地执行科研工作任务；当我们以教练身份出场时，要和玩家一起成长，提供同行评议的督导，帮玩家选择属于自己的优势赛道；而当我们以老板身份出场时，则要为玩家和教练打探行业趋势，整合外部资源，设计成长路径，规划发展战略。有一句非洲谚语是这么说的：如果你想走得快，那就一个人走；如果你想走得远，那就很多人一起走。看清并打造科研人的三重身份，至少为我们在科研行业走得既快又远提供了一种思路。

Chapter 15

第 15 章

怎样实现心智模式转换，赋能科研工作？

心智模式是一个人面对外部事件时所做出的主观判断。为什么明明我们面对的是同一件事情，却会产生截然不同的看法？因为我们的心智模式是不同的。而心智模式之所以不同，是因为我们面对压力时的反应方式是不同的。有的人积极应对，有的人消极抵抗；有的人会动用理性进行决策，有的人只依靠本能做出取舍。人与人最大的区别在于心智模式。不同的心智模式，会对我们的科研工作产生截然不同的作用。好的心智模式可以为科研工作赋能，坏的心智模式会成为科研工作的阻碍。好消息是，心智模式是可以改变的。这一章，我们就来看看怎样转换心智模式，赋能科研工作。

1. 从"保持平衡"到"专注当下"

科研人似乎要面对很多由科研工作性质所带来的"内生性矛盾",这些矛盾往往以怎样处理好各种关系的样貌出场。这些矛盾曾经困扰过我,相信也困扰着我们很多科研工作者。以从事科研工作的高校教师群体为例,我们面对的内生性矛盾包括怎样处理好工作和生活的关系、工作和学习的关系、事业和家庭的关系、教学和科研的关系等,以及具体到科研工作本身,怎样处理好读文献和写文章的关系、"炒冷饭"和抢热点的关系、积累和产出的关系等。在我看来,试图保持平衡的想法和做法往往于事无补,专注当下反而是更可取的策略,有助于我们处理好这些关系。

别幻想各种关系能"保持平衡"

让我以怎样处理工作和生活的关系来说明这个问题。首先要认识到,工作和生活是不需要平衡的。这种试图保持平衡的想法,本质上是把工作和生活看成一场零和博弈,两者都在争夺我们的时间和精力,一方获胜则另一方就会输,这种考虑问题的方式本身就"跑偏"了,因而是无解的。实际情况是,工作也好、生活也罢,并都不是铁板一块;另外,工作和生活也不是彼此孤立的两个封闭系统,而是彼此关联、协调联动的,是同一个系统的两个构成要素,而这个系统也是开放的。所以,我们要做的不是静态地、机械地、非此即彼地保持两者的平衡,而是动态地、发展地、相互联系地看待两者之间的关系。从这里出发,具体的做法就是专注当下，当下什么最重要，就去做什么。

这么说可能有点抽象，下面让我以自己的如何度过一天为例，来说说这个问题。早上起床，我会给家人做饭，送女儿上学，这是专注于生活；送完女儿回到家，我会开始工作，备课、写论文、回邮件或者查文献等，这是专注于工作；午饭和午休之后，我会去学院的小会议室和我的硕士博士们开组会，然后去上课，这还是专注于工作；晚上回到家和家人一起吃饭聊天，问问女儿的学习情况、爱人的工作情况，聊聊彼此的所思所想，这是专注于生活；然后女儿去写作业，爱人去读书听课，我洗过碗筷之后可能会做一些工作上的杂事，然后继续写论文，这是专注于工作；等女儿写完作业、洗漱睡觉了，也要晚上11点多了，我也洗洗睡了，这是专注于生活。怎么样？我这稀松平常的一天下来，其实并不存在什么保持平衡的问题，该做什么就去做什么，仅此而已。

如果真的发生冲突，那就做个取舍，看看需要专注于工作还是生活。比如，我的夫人生病住院，下午要进行手术，而正赶上学院要迎接学位点评估，下午评估组就进校检查。这个时候，我一般是问自己：此刻是家人更需要我，还是单位更需要我？我在哪边是不可替代的？然后我就开始答题：此刻显然是夫人更需要我，我是不可替代的。至于学院那边的评估，材料就在那里摆着，我参加与否在本质上并没有什么影响。然后，我就向学院请假，去医院陪夫人。怎么样？我并不追求什么保持平衡，这样既没必要，也做不到。我只是确保自己在事件来临时，做出最优选择，或者专注于工作，或者专注于生活。

围绕"事件"做出选择并"专注于当下"

把刚才关于如何处理工作和生活的关系问题拓展到科研人所

要面对的其他关系问题，道理也是同样的。这里的底层逻辑在于，只要不是零和博弈，构成关系的双方也并不是各自独立的、静止的两个系统，那么，所谓的"保持平衡"的观点在实操层面就是难以落地的。抑或从成本收益分析的角度来看，保持平衡所获得的收益，是很难覆盖为此付出的成本的。因此，我的建议是以"事件"为单位，具体问题具体分析，在具体场景中做出最优选择。而一旦做出选择，就专注于"已选项"，全力以赴。

如果再给这种心智模式的转化一个合理性解释，那就是，人的注意力其实是非常有限的。与其把注意力资源消耗在让关系保持平衡这个"无解"的问题上，不如把这个资源投放在更为务实的、具体的事件之中。事实上，哪怕我们没有做出最优选择，只要把注意力投入在具体事件中，就会产生效果，而产生效果的注意力投放，才是我们取得成功的关键。

2. 从"追求效率"到"重视效果"

是的，我们要把注意力投放在可以产生效果的事件上。然而，以我有限的观察，包括我自己之前很长时间都存在着一种认知偏误，那就是我们科研人对效率有着近乎本能的追求。这种对于效率的追求恐怕也是出于前文讨论过的雇员或"工具人"的思维方式，既然我只是一颗螺丝钉或一块砖，那么我只管提升效率就好，不问效果。但是一旦我们把科研人的身份切换到玩家、教练和老板，我们就会自然注意到效果远比效率重要的事实。以至于彼得·德鲁克提醒我们："世界上最没有效率的事情，就是以最高的效率去做没有效果的事情。"

一道小学三年级数学题暴露的真相

还是以我为例来说事儿吧。有次我发了条朋友圈抱怨自己论文写作速度实在太慢,整整用了15天拼死拼活才完成了一篇论文,结果很快就被我的同事"群起而攻之"了,他们声称我在"凡尔赛",让我告诉他们我是如何做到的——要知道他们写出一篇论文,最快也要3个月。

于是,我不得不用一道小学三年级的数学题来自证清白(见图15-1)。

他们3个月写出一篇论文,具体来讲,情况是这样的:开始的一周,每天写作两个小时。后来就写不下去了,停了下来。直到两个半月之后觉得确实不能再拖了,就下狠心熬了一个通宵来突击写作,花了8个小时完成了论文。假设他们这篇论文的字数是10 000字,那么他们的单位时间文字输出是10 000字÷(7×2+8)小时≈455字/小时,也就是每小时大约450字。

同事 单位时间输出:
10 000字÷(7×2+8)小时≈455字/小时

老踏 单位时间输出:
10 000字÷(15×2+15×4)小时≈111字/小时

455÷111≈4.1倍

图15-1 老踏和他同事的论文写作效率对比

再来看我。我半个月写出一篇论文,具体来讲,我每天下午3点到5点,晚上10点到凌晨2点雷打不动进行写作,半个月后完成了论文。假设我这篇论文也是10 000字,那么我的单位时间文字输出是10 000字÷(15×2+15×4)小时≈111字/小时,也就是每小时大约 110 个字。

怎么样，现在这个情况就比较清楚了吧？明明是他们的单位时间文字输出效率要甩我十条街，然而他们还认为我在凡尔赛。

事已至此，一个更为重要的问题浮出水面了：虽然他们的写作效率是非常高的，但他们很可能会面临比我更为严峻的生存处境。让我把这其中的道理做一个说明。他们的效率于我而言具有碾压性优势，但正因为写得太快，论文质量就很难有保障，于是他们的投稿、修稿复审和发表的过程就会比较漫长而艰辛。最后勉为其难见刊发表，恐怕也不会是太好的期刊。而我呢，由于我在论文写作过程中倾注了非常多的心血，论文的整体质量比较有保障，于是从投稿到发表的过程就会相对顺利，论文也更有可能发表在一个好点的期刊上。

我们之间的核心差别在于：我为了效果愿意牺牲效率，他们的效率则很可能是以牺牲效果为代价的。

效果比效率更重要

还是回到彼得·德鲁克提醒我们的那句话。以最高的效率去做没有效果的事情，是一种巨大的浪费。明确效率和效果的差别，形成以效果为导向的科研工作价值观，非常之重要。

为了说清效率和效果的关系，德鲁克还举了自己亲身经历的一个事情。有一次，德鲁克在滚动扶梯上遇见了分别四年之久的未婚妻，他们一个在向上的扶梯上，一个在向下的扶梯上。他乡相遇的他们都非常激动，所以德鲁克一下电梯就赶紧换上了相反方向的扶梯来追他的未婚妻，而他的未婚妻也一下电梯就换了相反方向的扶梯，结果他们又一次擦肩而过。由于两个人都沉浸在相逢的惊喜之中，结果他俩又一次地重复了前面的动作，于是他们在相反方向的扶梯上第三次擦肩而过。你瞧，电梯是一个非常有效率的载客工具，却没能让德鲁克和未婚妻在第一时间就拥抱在一起，这就是效率和效果的差别。后来德鲁克停了下来，没有再上扶梯，才最终和未婚妻相拥。

德鲁克还说过另外一句话："管理首先是去掉一切不创造价值的环节。"这句话对于我们明确效率和效果的差别，形成以效果为导向的科研工作价值观依然适用。以后，当我们沉浸在科研工作之中的时候也要时常问问自己：我现在的这个做法，能创造价值吗？会不会我只是让自己在扶梯上转圈，困在了一个看似效率很高，但却没有效果的状态？比如，现在正在下载保存的这些文献，真的会对我接下来的论文写作发挥作用吗？我正在做的这些读书笔记，真的能带来我的科研成果产出吗？我今天参加学术会议时处心积虑添加上的这些同行学者，真的愿意帮我提供修改论文的建议吗？如果这些问题的答案都在提醒我们是在用最高的效率去做没有效果的事情，那么，是时候收手了。

3. 从"固定型思维"到"成长型思维"

成长型思维这个概念出自美国斯坦福大学心理学教授卡罗尔·德韦克。经过多年的研究，她发现可以把人的思维模式分为两种：一种是固定型思维，另一种是成长型思维。持有固定型思维模式的人，认为人是无法改变的，更关心别人如何看待自己；而持有成长型思维模式的人，则认为人是可以改变的，更关心自己能否以及怎样获得提升。这也是两种相反的心智模式。比较而言，成长型思维更有助于科研工作的顺利开展，也有助于科研人的事业发展。

如何面对失败：两种思维模式的答案

让我们以"如何面对失败"这一经典问题来看看两种思维模式的差别。

拥有固定型思维的人，就算天赋极高，自身素质和先天条件都很好，可一旦遇到失败，哪怕是那种在别人看来无关痛痒、不值一提的小小失败，也会感到明显的"自尊受挫"。而一旦面临比较"严重"的失败，他们会受到非常沉重的打击，甚至没有能力从失败中走出来，站起来。

在持有固定型思维的人看来，"失败"就是一种标签，他们会因此觉得自己是失败者，是没有用的人，索性自暴自弃。比如，小到一次学术会议的发言观点被听众质疑，一篇期刊论文的投稿被编辑退稿，或者一次省部级项目申报的失败，在他们看来都是无法接受的事情。如果遭遇类似没能成功晋升教授职称、失去博士生导师的聘任资格之类的"大事"，那么对他们而言简直就是社会性死亡，天崩地裂了。然后，这种失败还会造成一系列"次生灾害"，他们会因此否定自己，认为自己不适合做科研，不配当大学老师，从此自怨自艾、失去斗志。

与此相反，那些拥有成长型思维的人虽然也不希望失败，但是当他们遇到失败时，倾向于认为失败可以促成他们对自己的所思所想、所作所为进行反思，从失败中学到东西，获得成长的力量，让自己变得更好。虽然在拥有成长型思维的人那里，失败也是痛苦的，但他们不会用"失败者"来给自己贴标签，他们明白"事"和"人"是彼此分立的，失败只是一个"事件"，并不等于做事的人的失败。所以，对于他们来说，"失败"只是外在于自身的，是需要加以面对和解决的问题,而这个问题的解决,会让自己获得成长。

怎样让自己拥有成长型思维

相信看过前面对于两种思维模式如何面对失败的分析,我们一定希望自己也能拥有成长型思维。好消息是,现在有非常过硬的证据表明,人的思维方式是可以改变的。我们可以通过练习,让自己拥有成长型思维。在这里,我想先介绍一下"乒乓女王"邓亚萍的经验,再给出德韦克在《终身成长》里提出的改变思维方式的四个步骤,希望对你有所启发。

邓亚萍在《心力》里坦言,很多年轻的运动员,包括刚开始打球的自己,都经历过从固定型思维到成长型思维的转变。而多年的职业运动员经历告诉她,只要能接纳失败,就没有解决不了的问题,也没有不能从中获得成长的事件。邓亚萍把自己的经验总结成三个句式和一个关键词,来让自己拥有成长型思维。三个句式是:犯错的时候,不要说"我犯错了",而要说"犯错能让我变得更好";遇到困难的时候,不要说"我不会",而要说"我正在提高";觉得"已经差不多了"的时候,要问自己"这真的是我最好的表现吗?我可不可以再提高一点?"至于一个关键词,则是 yet(暂时的、到目前为止)。她指出,我们应该在每一个自我打击的心理暗示背后,加上一个 yet。不知你对邓亚萍的经验做何感想,在我看来,这简直就是为我们这种屡败屡战、屡战屡败的科研人量身定制的心法啊!没有成长型思维的加持,简直不配做(也确实做不下去)科研人。

再来看看德韦克提出的完成从固定型思维向成长型思维转换的四个步骤。第一步是接受,拥抱你的固定型思维。要知道,我们每个人的思维模式都是成长型和固定型的混合物。我们不应该为自己的固定型思维感到羞耻，因为它是人的本性，警惕它出现时带给我们的危害就足够了。第二步是观察，明确究竟是什么激发了你的固定型思维模式，也就是说，这个固定型思维模式的人格会在什么时候出现。在德韦克看来，这是最重要的一步。我们要掌握它一般会在什么时候出现，一旦它出现了，我们就能看到。第三步是识别，给你的固定型思维模式人格起个讨厌的名字。德韦克在书里举了个例子，有一位管理者对她说："每当我遇到困境时，我脑海中的'Z'就会出现，然后喋喋不休地告诉我，我做不到，我不够聪明，我会失败。"是的，你也可以给你的固定型思维模式人格起一个讨厌的名字，提醒自己这不是你想要成为的人。第四步，也是最后一步，就是要去教育这个人格了。每当这个人格出现时，你就去告诉他，别来阻挡我，也别试图打击我，或者和我一起踏上成长之旅，或者离开我的生活。

概括来讲，德韦克转换思维方式的 4 个步骤就是接受、观察、识别和驯化（见图 15-2）。这种和自己脑海里的内在声音对话的方式看起来有点奇怪，但效果却是立竿见影的，因为一旦开启对话，固定型思维就被放在了"自我"的对立面，那个坚信自己会不断成长的自我也就夺回了大脑的掌控权。

现在开始，当你在科研工作中遇到什么困难或者出现什么失败时，可以通过接受、观察、识别和驯化固定型思维的练习，来让自己走上成长型思维的快车道。相信我，一旦思维方式改变了，你在面对科研工作时的状态就会非常不一样，一个通往新世界的大门就此朝你敞开。

思维转换

- **接受**：拥抱你的固定型思维模式
- **观察**：发现导致这种思维模式的原因
- **驯化**：教育这个固定型思维模式的人格
- **识别**：给这种思维模式起个难听的名字

图 15-2　德韦克转换思维方式 4 个步骤

4. 从"风险厌恶"到"拥抱不确定性"

关于转换心智模式的议题，其实值得我们科研人研讨和落地的内容还有很多。以我目所能及的范围，从封闭性思维走向开放性思维、从消极悲观心态转向积极乐观心态、从即时满足走向延迟满足，从以"我"为中心过渡到以"我们"为中心，从逃避现实转向直面现实……这些心智模式的转换都可以为我们的科研工作赋能。受篇幅所限，在这一章的最后我只想谈另外的一个同样重要的转换，那就是从"风险厌恶"到"拥抱不确定性"。

风险厌恶会让我们失去什么

关于风险，一个较为规范的定义是，在特定情境下，某种不确定性对实现目标可能造成的潜在不利影响。现代社会中，风险如影随形，有学者（比如乌尔里希·贝克）声称我们已经置身于"风险社会"。按照风险偏好的不同，可以把人们分为喜欢冒险的人或厌恶冒险的人，当然还有所谓风险中性的人。我们可以随便找来一套问卷勾勾选选，了解一下自己的风险偏好，但这种测试的意义并不大。因为我们的风险偏好并不是固定不变的。另外，由于我们风险识别能力的不同,也可能会出现类似拿着火把穿过火药库,却根本没意识到自己正暴露于风险之中的极端情况。

给出以上一般讨论之后,我们再来了解一下什么是风险厌恶,以及厌恶风险会让我们失去什么。所谓风险厌恶,是指在其他条件相同的情况下,当事人倾向于做出风险较低的选择。这种选择看似理性,但是它会导致决策窄化从而错过最优选项的问题。也就是说,低风险的偏好并不能带来自身利益的最大化,事实上,两者经常偏离。

让我举个例子来加以说明。比如我们带领自己的科研团队在做研究方向选择的时候,出于风险厌恶的原因选择了方案A——一个自身积累较为丰富且被学界广泛研究的方向,这个方向有大量文献可以参考,技术路径清晰,失败风险较低。如果选择这个方向,很可能发表一系列稳定的科研成果,然而这些成果的贡献就比较有限。而如果选择一个新兴的、前景广阔且未被充分探索的方向,即方案B,那就肯定会存在大量的不确定性,需要突破性的技术和创新性思维,可供参考的文献资料也比较匮乏,面临很高的失败风险。然而一旦成功,那将带来革命性的突破性成果,对该领域的理论研究与实践探索产生深远影响,也会给我们团队带来极高的学术声望和资金支持。类似的例子还包括在博士毕业选择入职单位的时候,我们是去个四线城市的地方高校图个安稳,还是去个一线城市的双一流高校非升即走,搏一下未来?在论文投稿的时候,是随便找个普通期刊,只求顺利发表就好,还是先投一下权威期刊碰碰运气,并且做好为此付出更多等待时间、面对更严苛的返修意见的准备?

风险厌恶会让我们倾向于做出"防御性选择",从而失去实现自身利益最大化的机会。说到底,风险厌恶会拉低我们职业成就的天花板。

反脆弱：拥抱不确定性的 3 个策略

与其对风险高度敏感，不如提升我们对于风险的认知。因为很多风险的发生，都是由我们对风险的错误评估导致的，而那些眼前看起来是规避风险的正确选择，也出于时间维度上的不确定性而有风险被放大的可能性。这么说可能比较抽象，还是用前面举的例子来说明这个道理。比如，选择入职四线城市的地方高校图个安稳，看起来是在规避风险，殊不知加上时间的杠杆，随着我国人口老龄化趋势的加快、人工智能突飞猛进发展所带来的劳动力替代效应，四线城市的地方高校很可能会面临生源短缺的问题，而这类高校里的师资最有可能遭遇来自 AI 教师的挑战。至于说到那些没有权威期刊和高质量科研成果加持的科研人，也可能在未来的某一天，面临科研业绩考核不达标而降职降薪甚至转岗下岗的风险。

究其本质，风险厌恶所能规避的都只是已知风险，是当事人基于特定场景和自身认知水平所得出的局部最优解。因此，从底层逻辑上看，这个世界没有一劳永逸的风险解决方案，更好的策略是拥抱不确定性，与风险共舞。那么，我们该怎样做呢？这就要说到大名鼎鼎的拥抱不确定性的大师纳西姆·塔勒布了。塔勒布在他的畅销书《反脆弱》中指出，在可承受的范围之内主动拥抱不确定性，对我们来说是很有好处的。他在书中专门介绍了"如何从不确定性中获益"的 3 个策略。

策略一：避免把自己暴露在负面的不确定性之中，降低脆弱性。比如，如果出现严重违背师德师风的问题，或者做出抄袭剽窃他人学术成果的行为，或者通过中介机构代写代发论文成果……这显然是把自己暴露在了负面的不确定性之中，一旦查实就面临淘汰出局，甚至被党纪国法追究制裁的风险。这种事情，要始终保持警惕，永远不要去碰。

策略二：应用"杠铃法则"来构建自己的反脆弱系统。杠铃两头重、中间轻。两头所对应的是极好和极坏这两种极端情况，是我们要重视的，而中间的平常情况则是要规避的。拿前面关于科研团队选择研究方向的例子来讲，我们可以把更多时间精力投入到方案 A 中，确保科研产出的稳定性和持续性，而把少量的时间精力投入到方案 B 中，这样就算没有成功也不会影响全局，而一旦取得成功就会带来丰厚的回报。至于说到那些处于方案 A 和方案 B 之间的"鸡肋"性质的方案，直接放弃就好。

策略三：选择在正面的不确定事件当中理性积极地试错。这个策略是在遵循杠铃法则的基础上更进一步，想办法增加正面不确定性的发生概率。比如，面对选择研究方向的方案 B，团队成员可以发起一场"头脑风暴"，评估一下用怎样的方法来进行这项研究，获得成功的概率最大。然后把这些方法按成功概率从大到小排列，先从概率最大的方法做起，不行的话，再尝试概率小一些的方法。你瞧，这就是一种理性积极地试错，是用最低的成本来尝试最高的概率，促使成功的到来。虽然这种方法并不能确保成功，但是至少我们拥有了更多的主动权，正面不确定性的发生概率提高了。

记得专栏作家连岳说过一句流传很广的话："你不赶紧按照你想的方式去活，那迟早会按照你活的方式去想。"前文提及的卡罗尔·德韦克的研究也显示，你所采取的观点，会对你自己的生活方式产生深远影响。说回到科研人，我们越早意识到心智模式对于科研工作的重要性，越早能让自己拥有可以赋能科研工作的心智模式，就越早受益。在很大程度上，这是一个可以帮我们"赢在起跑线"的议题，值得我们认真思考，努力践行。

Chapter 16

第16章

都说阅读文献很重要，到底该怎样读文献？

相信每位科研人都知道文献及其阅读的重要性，我们的那些科研梦想，基本都是建立在既有文献的基础之上的，正所谓"巧妇难为无米之炊"，纵有万千本领，缺乏文献的支撑，一切纯属虚构。但也正因为如此，我们容易一厢情愿地认为，只要掌握了文献，就拥有了实现科研梦想的强大武器。然而我想在这里善意而又十分坚决地提醒一句：阅读文献和正确使用文献是两回事。而把阅读文献当作目的，是阻碍我们实现科研梦想的重要原因。阅读文献不是目的，科研成果的产出才是。对待文献的不同方式决定了你科研梦想的实现方式。

1. 内容+方法：我是怎样阅读期刊论文的

说到文献，那些能够支撑我们科研成果产出的所有文本资料，都可以称为广义的文献。出于讨论的便利，我们在这里只以两类最为普遍也最具通约意义的文献为例来介绍文献阅读的方法问题，这两类文献分别是期刊论文和学术专著。这一部分，我们先来了解一下如何阅读期刊论文；下一部分，我们再来谈谈怎样阅读学术著作。

期刊论文的阅读流程

让我们假定这篇论文已经打开，此时此刻，它就在你的电脑屏幕上闪烁着。或者想象现在的你就在图书馆的报刊阅读室里坐着，翻看某本期刊里的一篇论文。好了，我们该如何来阅读这篇论文呢？我先把自己的阅读流程向你介绍一下，希望对你有启发（见图16-1）。

首先，我会先看一下论文的题目。这个基本等于是废话的经验，其实是一个非常好的开始。想想看，我们为什么要去阅读一篇论文？除非你是在读的硕士生博士生，不得不阅读导师指定的必读文献，我们阅读一篇论文的原因，很可能是被它的选题，也就是题目所吸引。也就是说，我们对它的题目感兴趣，以至于我们愿意去读读它究竟写了什么内容。所以，要对这个吸引我们去阅读的论文的题目，有更进一步的理解才好。我们可以看看它是如何设计的，它的主谓宾定状补都在哪里，它的表述方式、表意层次有什么新意,进而,这个题目的"题眼"在哪里,这篇论文所要研究的核心议题是怎样呈现在它的题目里的,这篇论文的题目涵盖了哪些意图,隐含着怎样的前提假设,它的主要观点是什么,它的研究方法是怎样的等。你看,当你把一篇论文的题目读到这种程度时,这个题目所富含的营养,才被你最大限度地吸收了。

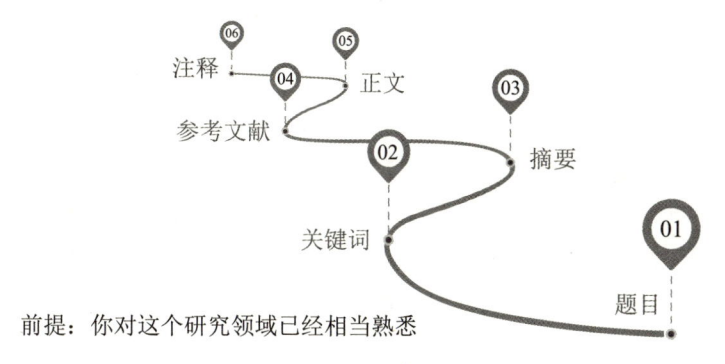

```
        06
      注释  04        05
            参考文献    正文   03
                    02      摘要
                  关键词           01
                                 题目
前提:你对这个研究领域已经相当熟悉
```

图 16-1 期刊论文的阅读次序

看过题目之后,我会去看它的关键词。一篇论文的关键词如果设置合理,我们是可以透过它来看到论文作者在这项研究之中最关注的问题的。而且,其实关键词还有一个价值排序的问题,透过它的排序,我们也能了解到论文作者更侧重于这项研究之中的哪个或者哪些议题。再有,我们对照着来看论文的题目和关键词,也能更好地把握作者想要传递的信息。比如,这篇论文的基本立场是什么,它所关注的是什么领域的问题,它是从怎样的视角来进行论证的。君不见,"吃瓜群众"流传"字越少,事越大"的说法,关键词里的信息量其实是非常大的。

接下来,我就要认真阅读一下论文的摘要了。一篇论文,含金量最高的一个段落就是它的摘要,因为这是整篇论文之中信息萃取程度最高、知识浓缩程度最大的内容，作者会把这篇论文最具"干货"属性的观点和结论写进摘要，精彩不容错过。而且阅读论文的"文头"，也就是它的题目、关键词和摘要，就可以锁定这篇论文的基本盘了。通过文头我们基本可以判断这篇论文的质量，也可以判断我们是否还要继续往下读。对，你没看错，我们是没有义务把一篇论文从头看到尾的。这属于阅读文献的认知问题，我们将在后面集中讨论。

如果认为这篇论文还值得继续往下读，那么接下来，我会去读它的参考文献，也就是去了解一下作者是选用哪些参考文献来支撑他的选题和研究结论的，以及他是依托哪些文献来进行论证的。此外，参考文献的数量和质量（尤其是质量）也是我们判断一篇论文价值的重要参考指标，而且参考文献本身也为我们文献阅读的延展提供了一个方向。好了，到了这个时候，如果还是对这篇论文的论证过程有兴趣，好奇它的写作框架、研究逻辑、问题意识，那么我才去读它的正文。基于不同的目的，读正文时我所关注的内容也是有差异的。也就是说，我具体阅读正文中的哪些内容，是由我的兴趣点决定的。我没有必要通篇精读它的正文。再之后，当我阅读正文的时候，如果涉及某个注释，我也会去看看它的注释内容。

期刊论文阅读的方法解析

不知看过我的阅读流程，你会有怎样的想法。我之所以会采用这样一种阅读流程，完全是由我对一篇期刊论文价值权重的排序所决定的。也就是说，期刊论文的价值权重决定我阅读论文的内容次序，价值权重越高的，我越先阅读。这样做的好处在于，我可以用最少的时间精力的投入，把握一篇论文最有价值的部分。

然后，这样一种排序也决定了不管我在何时何处决定停止阅读，我读过的内容都是这篇论文最有价值的部分。

按价值权重由高到低的排序进行阅读的另一个好处在于，我可以根据自己的阅读体验和实际需要来判断自己是否还要继续往下读。这也意味着我基于对文献阅读的认知，是可以随时结束一篇论文的阅读的。是的，我可以随时停止。因为到了职业化的科研工作阶段（它的标志是我们在科研机构里获得了一个相对稳定的科研工作岗位），文献阅读的本质是工具性的，是促进科研成果产出的手段。因此，我们没必要像在读硕士或者博士时那样读什么"必读文献"，然后还要写"读书笔记"。在职业化的科研工作领域，文献阅读有且只有一个目的，那就是促进我们科研成果的产出。

2. 次序 × 方法：我是怎样阅读学术专著的

介绍完阅读期刊论文的内容和方法之后，如何阅读学术专著的道理就非常好理解了，因为阅读这两类文献的底层逻辑是一致的。而且，当你把阅读期刊论文的方法迁移到学术专著，很快就会发现这里有一个"乘数效应"——你的阅读效率会得到极大的提升。我的博士后合作导师可以在一个暑期（不到 40 天）完成 50 多部英文学术专著的阅读任务，我自己则可以在时间非常充裕、完全自主的情况下，以每天一本的速度来阅读中文学术专著。至于我的阅读次序，如图 16-2 所示。

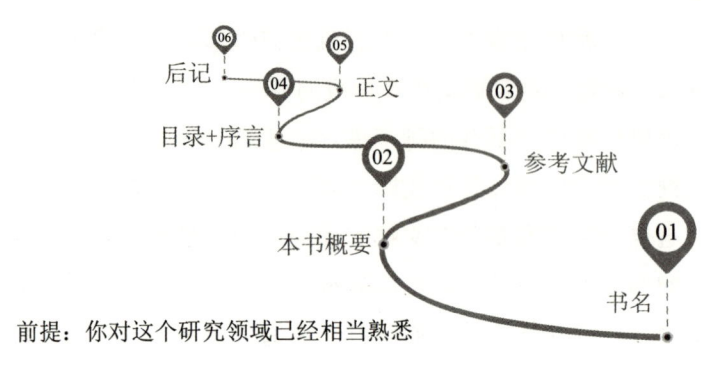

图 16-2　学术专著的阅读次序

学术专著的阅读次序

由于学术专著的体量往往十几倍、几十倍于期刊论文，探讨它的阅读次序问题就显得格外重要。还是本着用最少的时间精力投入，获得一部专著最有价值内容的原则，我建议按如下次序来开展阅读工作。

首先，对于一部专著，我最先注意到的当然是它的书名。我们或者是在网上书店通过关键词检索的方式看到了它的名字，或者在图书馆藏书的某个类目的书架上看到了它的名字。书名都是吸引我们去阅读它的首要因素。那么好，我们就去读它的书名。可能这部专著的书名只有十几二十几个字，但留给我们的思考空间还是非常广阔的。比如，作者（还有编辑）为什么要这样给它取名，书里大概会涉及哪些内容，我们可以做个预判，然后通过阅读来检验一下自己的预判是否准确。这个思考的过程甚至比书里写了什么更重要，不要忘记我们阅读它的目的只是促进我们自己的科研成果产出，因此，如果我们的阅读无法启动思考，这种阅读基本就是无效阅读，是没有效果的（想想心智模式转换那一章我们讨论过的效率和效果的关系）。

接下来，无论是纸质书还是电子书，我们要去看一下它的"本书概要"或者"内容提要"。这个内容一般有几十字到几百字不等，写在书的勒口处。它有点类似于论文的摘要，既是对全书内容的概括，也是对书名的进一步解释。浓缩的都是精华，值得我们好好读一读。然后，我们还是要带着问题和自己的思考来阅读这个内容。其实文献阅读的过程，也是用我们的既有知识储备去跟文献的知识体系发生碰撞和关联的过程，文献阅读是一种"双向奔赴"，而不是简单的填鸭式的灌输。再之后，我们恐怕要去看一下这部专著的参考文献了。当你有了相当规模的文献阅读储备之后，翻看一下它的参考文献，大概就能判断这本书的学术质量和它的研究深度，进而对它在该研究领域中处于什么水平有个模糊的判断。

如果前面的阅读并没有阻止我的好奇心，那么这部专著的目录和序言还是值得一读的。在阅读的过程中，始终要想着它的章节目录设计，以及它的序言所展现出的这部专著的主要观点和研究取向，对于我正在从事的科研工作有哪些助益与启发。如果在翻看目录的时候被它的某个标题所吸引，无论是意外还是正中下怀，这个标题所对应的正文内容，都值得我们翻看一下。因为一般而言，这些内容正是最能激发科研成果产出的部分。好了，到了这个时候，对这本书就有了一个整体的把握。出于猎奇或者消遣的目的，我也可以稍稍翻看一下这部专著的后记。注意，这也只是猎奇或者消遣罢了，因为无论如何，一部专著的价值不会到了它的后记部分才大规模呈现。

方法推荐：卡点式阅读

鉴于学术专著的阅读和前面谈及的期刊论文阅读遵循同样的逻辑，就不在这里重复之前关于方法的讨论了。不过，我还想补充一个关于如何阅读文献的新方法——卡点式阅读。这是我自己提出和命名的阅读方法,同时我也认为,这个方法基本是把之前我们关于文献阅读的目的的观点推到极致的必然结果。

如前所述,文献阅读的目的就是促进我们科研成果的产出。所谓的卡点式阅读,就是当我们的科研工作遇到阻力而卡住了,或者更具体地讲,当我们的期刊论文、研究报告、学术专著等科研成果的写作卡住了,写不下去了,于是,我们开始进行以解决卡点为目的的文献阅读。你瞧,这是一种全面聚焦科研成果产出的阅读方法,这里所说的卡点显然不是来自文献阅读本身,直白点讲,文献能否阅读下去,过程是否丝滑,我们并不在乎。一切都是为科研成果的产出提供服务的,卡与不卡的问题,只针对科研成果本身。而文献阅读效果的好坏,也只是看这种阅读能否疏通卡点。

比如,我正在写的这篇论文,在论证其中的一个分论点的时候,突然找不到思路,写不下去了。对,这就是遇到一个卡点了。这个时候,我就可以从论文的写作中跳离出来,专门为了解决这个卡点的问题而去检索和查阅文献,然后对那些有可能解决卡点问题的文献展开阅读。如此一来,阅读的目的也是明确的,就是找到论证这个分论点的思路,而一旦找到了,阅读也就随之停止,回过头去继续写论文。怎么样,相信你能感受到这是一种把工具取向推向极致的文献阅读方法,而这种方法,才最契合以成果产出为导向的文献阅读的本质。

3. 发现值得读的文献比"怎样读文献"更重要

前面两部分内容,我们分别聚焦期刊论文与学术专著,介绍了应该怎样阅读文献的问题。接下来，我必须给关于文献阅读的讨论增加一个认知前提，那就是发现值得读的文献，远比怎样读文献重要。作为一个有着 20 年经验的科研老兵，我眼中的提高文献阅读效果的最好方式是，只选择那些值得阅读的文献来读。而判断文献是否值得阅读的唯一标准是：能否直接促成科研成果的产出。能，就是值得的；不能，就是不值得的。而且我还要告诉你一个残酷的真相：在我们能检索到的浩如烟海的专业文献之中，有 99% 的文献是"不值得"阅读的。对于这些"不值得"阅读的文献的正确打开方式是不要打开。下面，让我们先从关于文献与文献阅读的认知误区谈起，再来看看怎样找到值得阅读的文献。

关于文献与文献阅读的 3 个认知误区

正如我们前面一再强调的那样，对于全部科研工作而言，文献与文献阅读，注定只是工具性的。文献与文献阅读只是手段，不是目的。我们的全部努力，都是为了顺利开展科研工作，产出高质量的科研成果。如果对文献与文献阅读的工具属性认识不足，容易出现 3 种认知误区。

第一种，通过文献阅读的"行为艺术"来感动自己。那种强迫自己每天翻阅多少页著作，阅读多少篇论文，整理多少字读书笔记的做法，可能有点用处，但用处不大，更多只是能获得一种"我真的很努力"的自我感动，给自己提供一种情绪价值。严格来讲，这种文献阅读的"行为艺术"对科研工作本身而言价值不大。别忘记，科研工作始终是以结果论英雄的，没有科研成果的产出，一切文献阅读的本质都只是在做秀。

第二种，通过阅读来记住文献中的观点和结论。首先，这种想法应该是应试教育的恶果，而在执行层面，一个是做不到，因为观点和结论实在太多了；再一个是就算做到了，也没用。毕竟科研工作不是应试，它所讲究的是创造性，是学术增量，是科技进步。复述文献中的观点和结论，说得刻薄点是抄袭剽窃、学术不端。这么做的最好结果也只是让自己成为一个研究综述的写作者，一个知识的搬运工。而科研工作的本质其实是反知识搬运的，因为科研工作要拓展人类知识的边界，是进行知识生产——哪怕只有一点点。

第三种，通过文献阅读来形成自己的知识理论体系。这种想法是把自己当作手段，而把文献当作目的了。想想看，马克思主义理论是一个理论体系，这个体系是马克思、恩格斯他们通过阅读文献而形成的吗？显然不是的，这个体系是他们通过发表自己的成果以及积极参与实践而形成的。而且，他们也并没有刻意要去建立一个理论体系，这个理论体系很大程度上是后人在学习和研究他们研究成果的过程中，概括总结而形成的。

因此我的建议是：不追求阅读文献的数量，不追求记住文献的观点，也不奢望通过阅读来形成自己的知识理论体系。文献与阅读文献的唯一目的，就是催生、促进我们自己的科研成果产出。而越是有利于我们科研产出的文献，就越是好的文献；越是有利于我们科研产出的文献阅读方式，就越是好的文献阅读方式。

怎样找到值得阅读的文献？

促使我写出第一篇 CSSCI 期刊论文的、真正意义上值得阅读的文献，其实就只是一本研究生教材上的一个章节，而且具体来讲，也只是那个章节里的一个并不算长的段落。这个段落不仅让我灵光乍现，获得了一个绝佳的选题方向，还提供了可以支撑我进行研究的分析框架。所以当我们在讨论文献阅读的时候，真正重要的问题在于怎样找到值得阅读的文献。

在值得阅读的文献里，我非常愿意强调一下期刊论文的重要性。原因在于：一篇高质量的学术论文能够呈现一个完整且极具价值的科研成果产出过程。通过阅读，我们能了解到论文作者的选题缘起，提出问题的过程，也能了解到学界既有研究现状，以及论文的主要观点、学术框架的搭建、研究方法的运用、论证逻辑的展开和参考文献的使用，这些内容对于我们完成自己的科研成果都是极富营养的。那么，怎样判断期刊论文是否值得阅读呢？其实它有很多外在的参考指标。依托外在参考指标进行初筛，之后再结合个人经验判断进行二次筛选，基本就能锁定值得阅读的期刊论文。

一般而言，那些被引频次越高的论文，尤其是下载频次和被引频次相比较，它的被引用率越高的论文，质量也就越高；再有，一篇论文的质量往往跟它发表的期刊级别成正比，发表期刊的级别越高，往往意味着这篇论文的质量也越高。此外，如果一篇论文能被人大复印报刊资料、《新华文摘》、《中国社会科学文摘》、《高等学校文科学术文摘》等学术平台全文转载或论点摘编，能被中国社会科学网全文登载或者摘编，也意味着这篇论文的质量比较高。当然，以上这些指标都是外围的参考指标，真正的标准还是来自我们自己。那些让我们阅读体验完美，阅读过程中不断发出"不会吧，原来论文还能这么写，原来这个问题还能这样看"等感叹的论文，才最值得我们去阅读。

你也许会说，一本学术专著会更为系统和详尽地呈现一个完整的科研成果产出过程啊，是不是阅读学术专著对我们的帮助会更大呢？我觉得未必。在我看来，99%的学术专著根本不具备激发科研成果产出的价值，而为了了解到这一点，我们至少要花费

5~10倍于期刊论文阅读的时间和精力。那么,如何得到剩下的那1%的、高价值的、值得阅读的学术专著呢?我的答案是:去高质量期刊论文的参考文献里寻找。那些被多篇高质量论文反复引用的学术专著,才是值得我们进行延伸阅读的学术专著。

在文献爆炸式增长的时代,找到那1%值得阅读的文献进行精准阅读,才是每位科研人的必修课。知道什么样的文献不值得阅读,远比知道怎样阅读文献更重要。如果我们希望自己能在这个以科研成果产出作为评价指标的科研体制内存活下来、发展下去,那么,请开启精准阅读之旅吧!

4. 不以成果产出为目的的文献阅读都是耍流氓

在这一章的最后,我们还是回到观念破局的层面来做一个重要提醒,那就是:科研人每每谈及文献,就没有人不知道文献阅读的重要性的。但是当我们继续深究一下就会发现,其实很多人对文献阅读重要性的理解是错的。而从这种错误理解出发,他们对于文献阅读的一系列困惑,其实都只是"想象的敌人"。

这些问题包括但不限于:文献实在太多了,我该如何入手?先读中文的还是外文的?先读经典文献还是新文献?先读期刊论文还是学术专著?文献里的观点太密集了,我究竟该如何总结、记忆和整理?有没有管理文献的工具可以推荐?是电脑端的文献管理工具好些,还是移动端的文献管理工具更好?如何做读书笔记,是按学者、流派、学科,还是分时间阶段或是分国别?每天花多少时间去"死磕"文献比较好?书评和导读类的著作,对我理解经典文献真的会有帮助吗?为什么我每天都在阅读,感觉自己都要吐了,却总是觉得没有思路,想不出研究选题?……怎么样，是不是很有共鸣？是不是没有阅读这个问题内容之前的你，也很想知道答案？

但是现在的情况不同了，因为我们已经读过本章前面关于文献阅读的讨论。我们能够意识到，上面这一系列问题的答案其实并不重要，真正重要的问题在于：怎样通过文献阅读来促进自己科研成果的产出。和这个目的无关的问题，其实都是噪声，是需要我们加以屏蔽的干扰项。如果你真正意识到这一点，你就会对下面这个事实感到惊奇：有那么多人纠结于该如何阅读文献，却很少有人认真思考过为什么要去阅读文献。或者说，他们只是想当然地认为自己知道为什么要去读。要知道，文献阅读首先是一个认知问题，认知上不去，那些发生在技术层面，看似无比重要的问题，其实只是当事人的一厢情愿。

说得再直白点，一切不以科研成果产出为目的的文献阅读，都是无效的阅读。而所有纠结于和科研成果产出无关的问题，都只是庸人自扰、作茧自缚。我强烈建议你认真阅读下面这几句话，也许，它们能改变你的文献阅读观。第一，关于文献阅读的绝大多数焦虑和困惑，都来自错误地把文献阅读当作目的。其实它不是目的，它只是手段。意识到这一点，我们就不会因为没有时间精力去阅读浩如烟海、汗牛充栋的文献而自惭形秽了。第二，科研成果的产出都是具体的，与此相对应，它所需要的参考文献数量也是有限的。无论是一篇论文、一份研究报告还是一部专著，这些成果都是非常具体的，在保证参考文献质量的前提下，它的数量要求是非常有限的。因此，我们的文献工作主要就是筛选和阅读，然后为我所用，而不是收集、分类、整理、存储、调取以及诸如此类的"科技与狠活"。第三，别试图控制文献，而要努力做到正确地运用文献。控制文献这项工作一般是在两个层面进行的,一个是通过下载、借阅、复印、购买等方式拥有文献的"物质外壳",另一个是通过阅读、做笔记,甚至机械记忆等方式拥有文献的"精神内核"。然而所有这些努力,都不是正确运用文献所必须要做的。我们没必要和文献纠缠,高质量科研成果的产出才有机会让我们不朽。

Chapter 17

第17章

都说问题意识很重要，怎样找准研究议题？

本章我们要解决一个很多科研人都会遇到的问题，那就是怎样找准有价值的研究议题。问题意识是研究的起点，是找到有价值的研究议题的前提条件，但有问题意识并不能保证研究议题就有价值，因为我们很可能遭遇把存量当成增量、把变量当成增量的两个认知误区。只有能够带来学术增量的研究议题，才是有价值的议题。不管从事什么样的研究，在问题意识的指引下，找到那个有价值的研究议题，然后把学术增量体现在基于这个研究议题而形成的科研成果之中，这个关于研究议题的闭环才算是真正形成了。

1. "冒昧问一句，大作的学术增量在哪里？"

我想先从自己经历过的一件往事说起。

我曾经给一家北大核心期刊投稿过一篇论文。然后过了一个多月，期刊编辑的电话就打过来了，彼此寒暄过后，他把自己审读这篇论文的意见给我做了反馈，然后就向我提出了一个问题："冒昧问一句，大作的学术增量在哪里？"我当时的第一反应是觉得自己被冒犯了。因为那时的我刚评上教授，正在国内 TOP 5 的名校做博士后，合作导师也是学科领域的顶流学者，坦白讲是有一点膨胀的；而对方只是个北大核心期刊的编辑，听声音与语气，应该也很年轻。

虽然感觉上很不爽，可我还是尽量保持绅士风度，胡乱讲了讲这篇论文的学术增量。后来这篇论文经过认真修改，增加了一个可以带来明确学术增量的理论类型分析框架，最终得以顺利发表。但是这个事情对我还是很有触动的，这也是我要把这个经历写进书里的原因。扪心自问，这显然不是我最满意的论文，也正因为不满意，才没有选择投稿权威期刊、CSSCI 期刊，而只是投到了这家北大核心期刊。而这篇论文究竟有没有学术增量，其实我是心知肚明的，显然在学术增量的这个问题上我并没有下真功夫，只是当这个真相被别人一眼看透，尤其是被一个年轻人一针见血指出来了，自己这颜面就有点挂不住了。

因此，我们做学问、搞科研，如果连自己研究成果的学术增量在哪里都不是很清楚，甚至本来就没有学术增量的话，其实是一件很失败的事情。这就好比把学术文献数据库看作是一桶粥，而我们的成果只是往这桶粥里又兑进去一杯水。想想就觉得挺没劲的，是不是？而且这个问题还可以更进一步：就算拥有学术增量，也不一定能取得具有原创性和开拓性，具有传承价值和启发意义的科研成果。而在本质上，只有达到这种效果的科研成果，才是我们科研人该追求的目标——于社会送去价值，于自身带来声望。

想想看，那些在自然科学、社会科学乃至整个人类思想史上拥有巨大声望的人，他们的声望来自哪里？来自他们创立的理论、取得的突破和找到的答案，而这些成果越有解释力，越能为解决人类自身困境、人与环境的关系问题提供思路与方案，越能帮助我们理解外部世界，他们也就越有声望。从这种意义上看，哥白尼的声望来自日心说，牛顿的声望来自万有引力定律，亚当·斯密的声望来自《道德情操论》和《国富论》，达尔文的声望来自《物种起源》……这个单子可以列得非常长。如果你希望有一天自己的名字也能进入这份名单，"学术增量"是个不错的起点。

总之，学术增量对于我们科研人的科研工作而言，并不是什么非分之想，也不是什么锦上添花，它是基础，是起点，是规定动作，是必选项。有了这样一个对于"学术增量"的定位，我们接下来的讨论，才会真正能引起你的重视，触发你的思考。

2. 问题意识、学术增量与研究价值的关系

问题意识是科研工作的起点，也是我们找准研究议题的前提条件。那么究竟什么叫作问题意识，它和学术增量以及研究价值的关系又是怎样的呢？

问题意识的深度决定科研成果的分量

我在这本书的"姊妹篇"《教师力：教学、科研和终身成长》里给出过自己以为的问题意识的定义。简单来说，问题意识就是我们在进入一个研究领域或者从事一项研究活动的时候所必备的一个明确的、有着现实或者理论意义的问题。既然是"必备"的，严格来讲就意味着一旦缺少问题意识，我们所从事的就是一项不值得进行的研究了。这是我们的研究生在毕业论文开题的时候面临的最普遍问题，也是我们投稿论文被退稿所能得到的最常见理由。

那么，这是不是说明我们也并没有比自己的研究生们好多少，是不是这个事情比较有讽刺意味呢？我觉得并不会。因为这两种场景对于"问题意识"的要求是不同的。研究生们所面临的，基本都是"有没有问题意识"的问题；而我们所面临的，更多是"问题意识是否足够深"的问题。前者是有无的问题，后者是深浅的问题。科研人作为从事科研工作的专业人士，做研究可不能停留在表面问题上，我们要沉下去，看得更深，挖掘出潜藏在表层问题背后的那个"难题"。只有这种层次的问题意识，才能让我们做出更有分量的科研成果，我们的论文才有机会被高级别期刊录用发表。

那么，怎样区分问题意识的深浅呢？让我转述一下墨磊宁、雷勤风两位作者在《研究的方法》这本书里的观点。如果你提出的某个或某些问题，它每天、每周或者每个月都在发生变化，那么它很可能就只是一个浅表的问题；但是如果它能持续很长时间，是导致那些每天、每周或者每个月都在发生变化的问题背后的问题，那么它就很可能是一个"难题"，问题意识的层次就深多了。

这个难题应该是这样的：它是长期存在于你内心的一个困惑，它打扰你，让你迷惘和不安。但它同时也吸引着你，迫使你不断想起它。它在你脑海里引发问题，无论这些问题看起来多么千差万别，与外界多么不相关，你也知道它们以某种方式相互联系着，哪怕你说不清原因。这个难题会在很长时间里一直跟随着你，你时常会感受到它的召唤，你不甘心，你试图去研究它。

你瞧，这就是一个深度的，有机会带来高价值科研成果的问题意识。

观念破局：别把存量和变量当作学术增量

问题意识，尤其是一个有深度的问题意识是找准研究议题的前提条件。然而，问题意识并不能保证我们找到的这个研究议题就有价值，还要看我们的这项研究能否贡献学术增量。没有学术增量的研究，严格来讲是没有什么研究价值的，也就不值得去做研究。关于学术增量，以及怎样把学术增量体现在科研成果中的问题，我们会在本章的最后一部分专门介绍，这里我们先做一下观念破局，别把存量当成增量，也别把变量当成增量。

一方面，别把存量当成增量。存量在本质上只是对既有研究的"综述"。什么叫存量？如果纵览你的科研成果，充其量只是对现有研究成果做了一个大型的或者超大型的学术综述，那么，这个成果就是在存量上精耕细作，并不带来学术增量。不管它的结构多么精妙，文献工作多么深透，事实上，它只是对学界既有研究进行了收集整理和排列组合，是一种存量上的优化。让我们以一篇论文为例来说明存量和增量的关系。这里所说的增量，是指这篇论文所具备的独特价值；这里所说的存量，则是指这篇论文在它所贡献的独特价值之外的其他部分。一篇论文只有增量而没有存量,既做不到,也不可能;而一篇论文只有存量而没有增量,理论上来讲,它就没有必要发表。

另一方面,也别把变量当成增量。变量在本质上只是对既有研究的"修补"。什么叫变量?如果我们的科研成果为学界该项议题的既有研究提供了一个新的视角,增加了一个新的解释维度,修正了之前研究中存在的一个理论误区,运用新的数据资料或研究方法验证了某个既有理论的正确性……总之,如果只是在这种程度上进行小修小补,那基本上就是变量,还达不到增量的高度。还是打个比方,这就好比你把自己一室一厅的单身公寓里胡乱堆砌在一起的各种杂物分门别类码放整理好,同时又做了清扫和保洁工作,清理出去很多垃圾,然后你还购置了一架钢琴和一台冰箱——这些努力,基本还是在变量的层面做功课。直到有一天,你成功邀请到一位异性同事来家里做客,后来你们结婚生子换了三室一厅……对,这才是增量。

必须承认,我是用一种比较严苛的标准来看待学术增量的。之所以如此,一个是因为我们科研人要对自己"高标准、严要求",另一个更为现实的考虑是"求其上者得其中,求其中者得其下,求其下者无所得",目标设置得高一点,标准定得严苛一点,可以帮助我们站位高远,拥有产出高价值科研成果的势能。

3. 怎样把问题意识落实在研究议题里

形成一个有深度的问题意识,算是把找准研究议题的"心法"部分给完成了。接下来,我们还要通过实操,把问题意识落实在具体的、可以产出科研成果(比如一篇学术论文)的研究议题里。

那么，怎样完成这种转换呢？"逐步聚焦"是个不错的方法。结合个人经验，给出如下3个步骤供你参考。

第一步：从问题意识出发划定研究领域

为什么要划定研究领域呢？因为从同样的问题意识出发，研究领域可以大相径庭。我举个例子，你立刻就明白了。

比如，从"怎样做到公平正义"这个问题意识出发，政治哲学家约翰·罗尔斯提出了"无知之幕"，主张人们在选择社会制度时，应该想象自己处于无知之幕之中，以此确保选择的公平性，强调社会保障最不利者的利益，实现分配正义的重要性。罗纳德·德沃金依托自己扎实的法理学功底，提出了资源平等的概念，强调每个人都应享有平等的机会和资源。他的理论强调法律和政治决策中的平等原则，认为这些原则应当保护每个人的尊严和权利。心理学家斯塔西·亚当斯则从"企业该如何激励员工"入手，提出了著名的公平理论，主张要关注组织内部的公平感，特别是员工对于报酬和机会的感知。他指出，员工会将自己的投入与回报与他人进行比较，如果感觉不公平，可能会导致不满和工作效率的下降。而作为经济学家的维弗雷多·帕累托则更关心一个经济体的效率问题，他提出的"帕累托最优"对于增进公平正义也是极富建设意义的，因为它的原则是在没有使任何人的境况变坏的前提之下，至少让一个人的境况变得更好……

这份清单还可以一直列举下去，但是道理应该已经说清楚了，从同样的问题意识出发，不同学者的研究领域可以是非常不一样的。这也意味着问题意识往往比较宏大，唯有聚焦才能让它落地。所以我们要做的第一步，就是划定自己的研究领域。说得再直白一点，它所要回答的问题是：你打算从怎样的学科专业背景以及什么视角来开展你的研究工作？

第二步：在研究领域之内锁定研究项目

划定研究领域是落地问题意识的第一步，但还远远无法支撑一个研究议题的开展。接下来，我们要做的工作是进一步聚焦，锁定你未来 3~5 年的研究项目。

注意，这里的研究项目还不是研究议题。研究项目通常指的是一项具有明确开始和结束时间的，有组织、有计划的研究活动，涉及特定的（也可能是潜在的或者是可能的）资金支持，通常是通过团队协作的方式来进行，其管理和执行也要遵循特定的程序和标准。我们科研人经常要申报各级各类科研项目，比如想要申报国家社科基金项目，然后为此撰写了一份项目申请书。在这份申请书里，我们把这项研究的选题缘起、研究现状、研究价值、研究内容、研究方法、研究计划、课题组成员及其分工情况及预期成果等都进行了梳理和呈现。好了，不管这次项目申请是否能获批立项，这里所呈现出来的，其实就是一个研究项目。

你瞧，研究项目是在问题意识的指引之下，在我们划定的研究领域之内进行，有着明确目标和方向，并且持续一段时间的科研工作。而一旦锁定了研究项目，研究议题也就呼之欲出了。

第三步：在研究项目之中找准研究议题

较之于研究项目，究竟什么是研究议题呢？如果把研究项目视为一个"问题筐"，研究议题就是这个筐里装着的一个又一个具体的问题。这种类比十分形象生动但是并不准确，严格来讲，我们应该把研究项目视为一个系统，研究议题则是构成这个系统的要素。然后，这些要素是按照一定的规则和秩序排列组合在一起的。研究项目的推进，往往是以攻克一个又一个的研究议题为标志的。

在系统与要素的关系结构中加以分析，研究议题所要回答的是：为了推进或完成这个研究项目，在目前这个阶段，我们该研究什么？而只有当我们从问题意识出发，经由研究领域、研究项目而步步深入，逐渐聚焦，达到一个又一个研究议题的颗粒度，我们的问题意识才算真正落地。当然，这些研究议题也不一定就是一个接着一个简单串联在一起的，这只是对它们之间关系的极简化表述。事实上，它们之间的关系也有可能是并联的，还有可能是先串联后并联，或者先并联后串联，还有可能是中心-边缘型，即有一个中心议题，然后从这里出发，辐射一系列其他议题。我们科研人要去做的，就是在摸清研究议题之间关系的基础上，按照研究项目的规划设计，分步实施，各个击破。

如果我们用一棵树来打个粗糙的比方（见图17-1），问题意识就相当于树根，由它来保证科研工作"立得住"。问题意识的层次越深，这棵树的根就扎得越深，我们的科研工作根基就越牢固。研究领域就相当于树干，由它来决定科研工作的成长方向。我们要尽量选择自己最熟悉的学科专业背景和视角来当树干，这样树干才能粗壮挺拔。研究项目就相当于树枝，由它来展现科研工作的上升空间。我们要积极申报各级各类科研项目，枝繁才能叶茂，吸收更多的阳光。研究议题则相当于这棵树的枝丫上的树叶和花朵，由它来把科研工作的具体研究内容一一落实。

现在，我们要做的就是认真照料这一整棵树，好让它的花朵能在秋天结出丰硕的果实。这些果实就是我们通过科研工作取得的科研成果。

图 17-1 从问题意识逐步聚焦到研究议题的树形结构

4. 怎样把学术增量体现在科研成果中

正如本章开篇所指出的那样，不管从事什么样的研究，找准研究议题，然后把学术增量体现在基于研究议题而形成的科研成果之中，我们的科研工作才能形成闭环，实现可持续发展。经过前文分析，问题意识其实带有很大的普遍性，它所关注的，很可能是类似于"怎样做到公平正义"这样宏大的命题。而具体到我们的科研工作，不管是为了获批科研项目还是做出实际贡献，我们的研究项目最好是别人没有研究过的，或者虽有研究但是并不充分，或者存在重要疏漏的项目。具体到研究议题也是同样的。这就要求我们必须回到学术增量这个问题，来看看怎样把学术增量体现在科研成果之中。

什么是学术增量？

严格来讲，学术增量的本质是在拓展既有研究的认知边界。它是把"当前科学理解"，也就是关于这个问题，穷尽人类目前所有已知知识而做出的最好判断的范围扩大了，哪怕只是一点点。

它不做知识的搬运工，它是在生产知识。想要把学术增量体现在科研成果之中，意味着你要找到一个有问题意识、别人又没做过，而你又恰好能做的研究项目，并且你围绕研究议题所做出来的成果，把当前科学理解的范围扩大了，哪怕只是扩大了一点点。

那么，学术增量可以体现在哪些方面呢？如图 17-2 所示，我把它概括为 5 个"新"——新资料、新数据、新概念、新理论和新方法。下面，我将结合这 5 个"新"来介绍一下怎样把学术增量体现在科研成果之中。

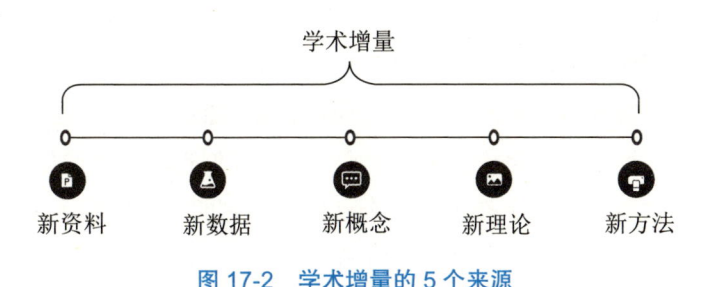

图 17-2 学术增量的 5 个来源

怎样在科研成果中体现学术增量？

新资料。对此，我读博时一位老师在课堂上开的玩笑让我印象深刻。他说，如果你是研究清史的，结果你弄到了一批慈禧太后亲笔手批的奏折，是孤本，那你立刻就会成为清史研究的大家。这个说法可能有些夸张，但它却非常形象地指出了新资料——独家且可采信的资料对于科研工作的重要价值。

新数据。可以对这里的新数据做两个层面的理解。一个是权威部门发布的最新数据。比如国家统计局最新发布的经济数据、人口数据、就业数据等，如果我们能在第一时间使用这些数据进行研究，这会是学术增量。再一个是你通过自己的田野工作、问卷调查、深度访谈等而拿到的第一手数据，只有你有，别人没有，那么运用这些数据所进行的研究，也有可能产生学术增量。

新概念。如果你能提出一个新概念，用它来给一类新问题或新事物下一个定义，而这个定义又的确可以概括这类新问题或新事物的内涵和特性，那么恭喜你，你对当前科学理解做出了新贡献。但如果你是在"重新发明轮子"，用一个看起来较为新奇的概念来指称一个普及度和推广度都很高的已有概念指代的问题或事物，那就不仅没有必要甚至还会混淆视听，不如不提，这就不是学术增量。

新理论。从难度上看，提出一个有解释力的新的理论体系往往非常不容易。因此，在这个方面取得建树的学者，往往都是本学科专业领域泰山北斗级别的大家。不过我们也没必要过分悲观，其实给这些理论打个补丁、做个延伸，使它的现实解释力得以提升，适用于新的时代背景或应用场景，也是非常有价值的工作。

新方法。提出一个新的研究方法的难度也非常之大，不过"它山之石，可以攻玉"，如果我们能把其他学科专业非常成熟的研究方法迁移到本学科专业的研究议题中来，而这种研究方法在该议题的研究中又的确碰撞产生了很多高价值的研究结论，那么，这也是一种学术增量。

必须承认，这里所说的各种"新"，更多只是提供了一种可能性，并不必然给科研成果带来学术增量。它们的价值在于，为我们思考学术增量问题提供了一个方向。此外，很多人愿意把自己在科研成果中提出的新观点视为一种学术增量。还记得我在本章开头谈到自己的那次经历吗？对，我当时也试图用自己在论文里提出了新观点来向编辑解释这篇论文的学术增量。其实新观点能否成为学术增量，要从两个层面进行分析：如果是有严谨的逻辑推理、科学的研究方法、可采信的数据资料等作为支撑，这样的观点一般是没问题的；但如果没有论据和论证作为支撑，斩钉截铁地自说自话，则不仅不能提供学术增量，反而还会拉低科研成果的质量。

　　最后我想说的是，目前的科研行业每天都有新的理论被提出，新的假设被验证，新的方法和数据被运用。知识更新的速度正在加速，这也意味着科研成果中的学术增量正在以更快的速度衰减。我们只有不断产出更新的科研成果，提供更多的学术增量，才能捍卫自己依托这个问题意识，在这个研究领域之中拥有的位置。《爱丽丝梦游仙境》里的红桃皇后说过一句让人有些费解的话："在我们这个地方，你必须不停地奔跑，才能留在原地。"而我们科研人，正置身在红桃皇后所说的"我们这个地方"。

Chapter 18

第18章

都说跟随趋势很重要，怎样捕捉学术热点？

作为一个科研人，如果不懂得趋势的重要性，你就有可能遭遇"平庸陷阱"。它的意思不是说你有多平庸，而是说就算你非常优秀，但如果你看不到趋势的力量，把时间精力都投放在一个"过气"的研究领域，那么就算你做到了这个领域的"头部"，你也无法创造足够的价值，获得声望。随着外部环境的变化，跟随研究趋势、捕捉学术热点已经成为科研人的必修课。这一章，我将谈谈怎样跟随研究趋势，捕捉热点的学术问题。我们先说认知，后谈实操。

1."点线面体"思维模型,足以让我对趋势心存敬畏

我们先来介绍一个理解趋势的"点线面体"思维模型。这个思维模型是由曾鸣教授在《智能商业》这本书里提出的,虽然书里主要是用这个思维模型来探讨商业战略,但是迁移到科研行业,竟然也具有"一语惊醒梦中人"的效果,让我心有戚戚焉,久久不能平复。这么说吧,在理解这个思维模型之后我就忍不住去想,如果20年前在我刚进入科研行业的时候能有这个模型的见识,哪怕是10年前,当我寻找自己新的"学术增长点"的时候能有这种见识,我的学术成长肯定会是另一番光景。

"点线面体"思维模型到底讲了什么?

让我结合自己的理解来介绍一下这个模型。

一个生意人,如果他勤勤恳恳,精于算计,这意味着他把自己眼前的"点"照顾得很好,他是有可能赚钱的。不过"点"的能量毕竟有限,能做到勉强维持生计就算不错,是很难获得很多收益的。如果想要获得很多收益,生意做到小有成就,那就要想办法把自己的这个"点"放在一个线性增长的周期之中,从这个增长曲线中获得自己的收益。如果这个生意人并不满足,还想取得巨大的成功呢?"线"的力量就不太够用了,要借助"面"和"体"的崛起。这意味着你在做一桩生意的时候,不但要投入自己的时间和资源,还要让更多人把他们的时间和资源一起投入进来,这

个时候"线"就连成了"面",你要为投入这桩生意的这些人负责。再之后,作为生意伙伴的你们所在的这个面,最好是位于一个冉冉升起、正在崛起的"体"上。然后,你的生意就跟"开了挂"一样狂飙突进,你也因此成为商业时代的一面旗帜。

总之,你在判断机会、做出选择的时候,要看到你所切入的点是在一条什么样的线上,这条线在一个什么样的面上,以及有可能的话,你还要知道这个面处在一个什么样的体上。点、线、面、体,步步惊心,你的判断能力、决策水平至关重要。你要意识到,如果你的生意取得了现象级的成功,那一定是点、线、面、体协同共振的结果。而如果你只满足于眼前的"点","线"选错了,看不到"面"和"体"的存在,不管你再怎么努力,能达到温饱水平就已经不错。人是赚不到自己认知之外的钱的,"点线面体"思维模型为此提供了一个无可反驳的理由。

4 点启示:"跟随趋势"的进阶路线图

现在让我们回到科研工作行业,来看看"点线面体"思维模型对我们科研人的启示在哪里呢。我以为,它道出了趋势判断的重要性。"点线面体"思维模型(见图 18-1)告诉我们,趋势是有维度之分的,有"线"的趋势、"面"的趋势和"体"的趋势。你能判断趋势的维度越多,你就越有机会成就自己的科研伟业。

第一,摆脱点的"地心引力"。

必须承认,对于普通的科研工作者而言,点是一种类似"地心引力"的存在。开始的时候,他们专注于自己的"点",努力的方向是要实现"单点突破"。能做到自然很好,但是,更多的人是没有机会或者能力做到这一点的。然后,这个"点"逐渐就成了他们的舒适区,与其说他们被束缚在这个点上,不如说他们在享受这个"点"。与此同时,他们根本没有注意到"轻舟已过万重山"的事实,没留意外部环境已经发生翻天覆地的变化。说句得罪人的话,我身边的很多同事就是这样,当他们聊起学术,你会惊诧于他们谈论的依然是若干年前的观点,他们成了"点"的奴隶。

图 18-1　科研人的"点线面体"思维模型

如果你希望自己能做出一番成就,首先就要拥有一种摆脱点的"地心引力"束缚的勇气和决心。而不是固着在那个"点"上孤芳自赏,享受岁月静好。

第二,找到你的"增长曲线"。

当我们谈论摆脱点的"地心引力"的时候,并不是说"点"就不重要。恰恰相反,"点"是根基,是起点,我们必须重视"点"。只是我们要想办法把这个"点",放在一个属于你的"增长曲线"之上,这样才能让自己的科研工作进入一个线性增长的周期之中,让趋势的力量为自己赋能。说来惭愧,我在相当长的时间里就是那个苟且在"点"的舒适区里的普通科研工作者,对于学界热点、研究趋势的敏感度非常低,以至于在学界同行都早早关注到"中华民族共同体意识",开始进行政策解读、话语分析、知识生产和理论建构的时候,我竟然并未注意到这个趋势。而且重点在于,这项议题本来就在我的研究领域之内。

因此,在努力进行单点突破的时候,不要忘记还有一条"增长曲线"在等待着我们。留意这条"线",寻找这条"线",它是你获得"逃逸速度"的关键。

第三,带领你的团队"面上作战"。

尝试组建和带领你的科研团队,在"增长曲线"上开展研究工作,并且在可能的情况下,努力招募和团结其他志同道合的同行做你们团队的外援,协同内外关系,"面上作战"。而当我们拥有了"面上作战"的能力,也就乘上了"面"的趋势,正所谓"好风凭借力,送我上青云"。鉴于我们已经在本书的第8章对这个问题有过讨论,这里就不再展开。

第四,拥抱属于这个时代的"学术共同体"。

当你已经开始思考和判断"体"这个维度的趋势,恭喜你,你已经超越了绝大多数科研人,来到众山之巅的"最后一公里"。你将和被同样的问题意识召唤到这里的其他同行一道切磋研讨,而你们所交流的议题,很可能会改变我们这个时代,甚至影响全人类的未来。从这里出发,你将攀登真正的科技之巅、文明之巅。很抱歉我无法给来到这里的你提供什么建议,因为我还没有到达这里。事实上,我还处于"面上作战"的比较初级的阶段。好消息是,当你来到这里,也就不需要我再说什么和做什么了,你将拥抱属于你的"学术共同体",和这个时代的"学术共同体"一道翩翩起舞。

"点线面体"思维模型告诉我们,把握机会、判断趋势至关重要。而"点线面体"一旦选错,你所付出的时间、精力以及绝大部分的资源,都将付之东流。这也是这个事情最惊心动魄的部分。

2. 做个产品经理，和"用户需要"站在一起

不知你会不会感到奇怪，自己居然会在一本介绍"科研力"的书里，看到关于产品经理和用户需要这类"风马牛不相及"的话题。其实我想在这里讨论的，是产品经理的思维方式对于我们科研人捕捉学术热点、跟随研究趋势的价值。很快你就会发现，这两者居然有着如此之多的相通和相似之处。

产品经理具有怎样的思维方式？

产品经理的岗位对于从业者的能力素质要求较高且具有综合性。产品经理要通过对产品全生命周期的管理，为用户提供能够满足需要的产品，从而为企业创造价值。与此相联系，如图18-2所示，产品经理的思维方式包括如下主要内容。

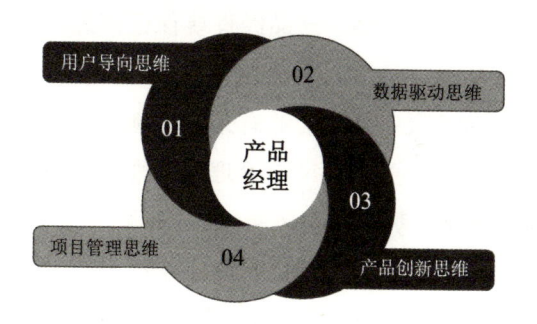

图 18-2　产品经理的思维方式

第一，用户导向思维。产品经理始终把用户需要放在首位。为此，他需要深入了解用户，需要通过调研、访谈、观察等多种方式了解用户真实需求，站在用户角度去思考问题，洞察还有哪些用户需要没有被市面上的产品所满足，这种需要是不是刚需，有没有商业价值。进而，他们会以用户为中心来设计产品，努力

确保产品能够满足用户的需要。

第二，数据驱动思维。产品经理会通过收集和分析数据来做出产品决策。他们会通过各种渠道收集产品相关数据，以此了解产品使用情况、用户的构成情况及市场的发展趋势。进而，他们会对收集到的数据进行深入分析，基于分析结果做出产品决策，比如决定是否需要给这个产品增加或删减某项功能，或者调整优化产品的外观设计、内部结构等。

第三，产品创新思维。产品经理会不断寻求产品的创新和突破。成功的产品经理都敢于挑战传统，不满足于现有的产品模式和解决方案，不断寻找新的机会和更多的可能性。为此，他们会密切关注行业动态和新技术的发展，不断学习新的知识和理念。产品经理们还会经常坐在一起进行头脑风暴，在一个鼓励创新的良好氛围中激发产品创新和突破的灵感。

第四，项目管理思维。产品经理要保证产品可以按时交付。为此，他们需要制订计划，明确任务目标、人员分工、工作步骤和截止时间。为了保证计划能够有条不紊地进行，还需要合理安排各种资源。他们还要进行风险管理，识别项目进行过程中的风险，做好风险预案，努力防范风险。此外，团队协作也非常重要，他们要协调团队成员朝着共同的方向去努力。

怎么样，看过了产品经理的这些思维方式，你有没有一种想拍大腿的冲动？对呀，如果把产品替换成科研成果，把产品经理替换成科研人，把用户需要替换成国家发展和社会进步的需要，这妥妥就是我们捕捉学术热点、跟随研究趋势所该具备的思维方式啊！

以"用户需要"为杠杆撬动你的趋势战略

我以为，科研人的趋势战略由判断趋势和把握趋势两方面共同构成。产品经理的思维方式,为我们围绕国家发展和社会进步的需要来布局我们的"点线面体"、打造趋势战略提供了重要启示。

想要判断趋势,就要把国家发展和社会进步摆在首位,看看我们科研人为此可以贡献怎样的科研成果。我们需要站在国家发展和社会进步的角度去思考问题,以终为始,进而以此为中心来形成我们的问题意识,划定研究领域,锁定研究项目,找准研究议题,沿着这个路径一步步聚焦,进行科研成果的产出。此外,作为以上宏观趋势判断的微观校准和修正,我们还需要拥有数据驱动思维,通过学术文献数据库的检索来捕捉当前学术热点,以此评估和优化我们研究议题的价值。至于怎样做到这一点,我们将在下一部分内容里进行专门介绍。

至于把握趋势,我们要密切关注国家发展和社会进步领域出现的新特征新变化,提出的新要求新挑战,不断跟进相关学科专业和科研领域出现的新发展新突破,努力学习更新自己的知识、理念、方法和技术。积极营造鼓励创新的良好氛围,尝试通过头脑风暴激发科研成果创新和突破的灵感。要知道,守株待兔、做一只等待风口到来的猪是没有意义的,真正能让我们乘上趋势东风的,一定是我们产出的高价值创新科研成果。此外,创新科研成果的出现也离不开项目管理的保驾护航,要明确任务、做好分工、用好资源、防范风险、团结协作,努力保证科研成果产出的时效和质量。

3. 善用文献数据库检索,通过"后视镜"把握当下

怎样通过学术文献数据库的检索来捕捉当前学术热点,以此评估和优化我们研究议题的价值呢?简单来说,两个方面:一个

是看我们研究议题相关领域的那些高被引文献的情况，再一个是看该领域的高质量学术发表数量随时间变化的趋势和走向。

重视高被引文献及其变化所传递的信号

可以帮助我们实现这种高被引文献检索的数据库其实有很多。国外比较主流的有 Genesis、JSTOR、Springer Link、SAGE 等数据库，国内比较知名的有中国国家图书馆联机公共目录查询系统、中国知网、国家哲学社会科学文献中心、万方数据、中国人民大学复印报刊资料等。不同数据库所收录的文献数据各有不同，更新速度存在差异，功能特性各有侧重，出于便利性的考虑，我在这里以中国知网为例来介绍本部分涉及的这些问题。

先说怎么做。比如，在"用户导向思维"的引导之下，我们通过对国家发展和社会进步需要的把握，再经过逐步聚焦的方式最终确定了研究议题。现在，我们要把这个议题的关键词提取出来，然后去中国知网进行检索，了解学界对于这个关键词的研究现状与趋势，进而评估和优化我们自己的研究议题。关于高被引文献的检索实操步骤可以是（我是在 2024 年 9 月中旬做的这个检索，不排除由于网站改版等原因，导致这个步骤需要调整。我们重点在于讲道理，具体步骤可以自己探索）：如图 18-3 所示，打开中国知网，在首页检索框里输入关键词，在检索框左侧的下拉列表框里选择"篇名"，再把检索框下面的数据库勾选为"学术期刊"，单击"检索"按钮。然后，在检索文献列表的表头的上面一行，中间靠右一点的位置找到"被引"并单击。好了，有关该项研究议题关键词的高被引论文，就由高到低呈现在你的眼前了。

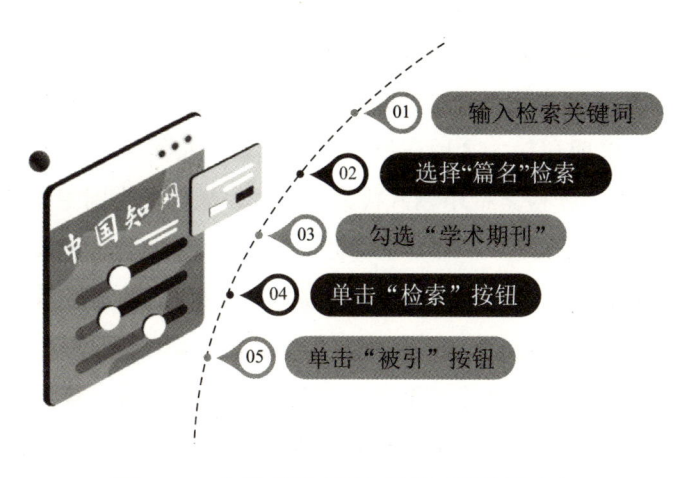

图 18-3　怎样利用中国知网找到高被引论文

再说有什么用。检索高被引论文的价值在哪里？一般而言，被引频次越高，说明这篇论文在从事该领域研究的学者圈子里的影响力越大。要知道，这可是学者们用自己论文引用的方式带来的数据，引用频次相当于用自己的身体力行来给这篇论文点赞了。因此，了解这些高被引论文的观点和研究结论，是我们快速把握某项议题研究"基本盘"的捷径。此外，这些高被引论文的发表时间越近，被引频次越高，一般而言也就越能说明这项研究议题是学界关注的热点。比如，一篇 10 年前发表的论文有 100 次引用，而另一篇 5 年前发表的论文有 200 次引用，那就说明和前者相比，后者的研究议题更被同行学者所关注，更是学术热点。

总之，无论是从自身质量还是从外部数据上看，高被引论文都是我们了解当前学术热点和观察未来发展趋势的一个"快捷键"，善用高被引论文，有助于我们评估和校准自己的研究议题。

了解高质量学术论文发表数量的年度趋势走向

还是先说怎么做，再说有什么用。

如图 18-4 所示，打开中国知网，在检索框的右侧单击"高级检索"。然后在弹出页面中的检索框下面的"总库"里选择"中文"，单击"学术期刊"，之后在最上面的检索框左侧下拉列表框中选择"篇名"，在检索框中输入检索关键词，在来源类别中勾选"北大核心""CSSCI""AMI"（也可以根据自己的偏好来选择不同来源类别，一般而言，这 3 个类别收录期刊的发文质量比较有保证），单击"检索"按钮。然后，在检索结果页面的左侧列表中找到"年度"，单击"年度"旁边的可视化按钮（有点类似于反映手机信号强弱的那个图标），有关该项研究议题关键词的高质量论文年度发表数量的年度趋势图，就展现在你的眼前。若想进一步了解每篇论文的具体信息，回到检索页面，单击论文标题就能看到题目、作者、作者单位、摘要、关键词、基金资助等更多信息。如果对某篇论文非常感兴趣的话，还可以选择下载或者在线阅读（需付费）。

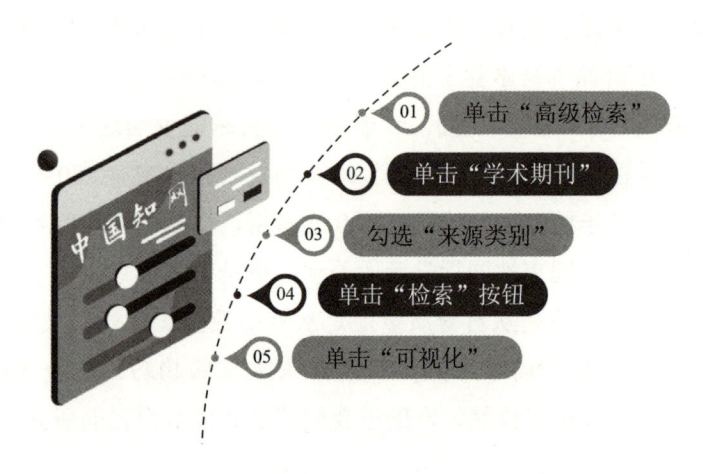

图 18-4　怎样利用中国知网了解论文发表数量的趋势

那么，了解研究议题关键词的高质量论文年度发表数量及其趋势变化，有什么价值呢？一方面，可以通过论文发表数量与层次的数据统计信息，来做研究议题的价值评估。一般而言，发表高质量论文的数量越多，开展相关研究并取得突破性成果的可能性就越小。另一方面，通过年度发表论文数量的变化趋势，可以为我们预判该研究议题的未来走向提供参考。一般而言，年度发文量逐年走高，走出一条昂扬向上的曲线的研究议题是值得我们跟进的，而趋势图的最高点已经过去，走出一条调头向下的曲线的，说明研究热度已经过去，如果现在我们再去跟进这个研究议题，其实就是在跟进一个"过气"的研究，趋势已经无法"送你上青云"了。请原谅我的功利主义立场，当我这么说的时候，并不是说这些议题就不值得研究，而是说，单纯从跟随趋势、捕捉热点的角度来看，投身一个研究热潮已经褪去的研究议题，显然不如投身一个持续高涨的研究议题更能产出价值。

受到讨论主题和篇幅的限制，这里就不对文献数据库的检索技巧及其结果评估做更多介绍了。建议你在常用的中外文献数据库里，至少熟练掌握一个数据库的基本检索技巧。检索能力越强，对于研究文献的质量、数量、动向的理解就越充分，你对研究议题的趋势判断，对当前学界研究热点的把握就越准确。

4. 关注顶刊和转载期刊以及重要科研项目申报指南

除了文献数据库检索之外，关注顶刊（权威期刊）和转载期刊（学术转载），以及重要科研项目的申报课题指南，也是跟随趋势、捕捉热点的重要途径。

第一，阅读发表在本学科专业权威期刊上的文章，尤其是研究综述。我们知道，每个学科专业都有业内同行公认的一两本权威期刊，业内称这类期刊为"顶刊"。一般而言，发表在本学科专业顶刊上的论文的质量比较有保证，值得阅读学习；而发表在顶刊上的研究综述，一般是极富营养的。因为研究综述可以贡献的学术增量还是比较有限的，毕竟这类论文更多是对研究现状的描述。而一旦真的发表了，那基本就是两个原因：或者这项研究的确非常前沿，以至于推介这项研究的论文都非常值得发表；或者这篇论文的质量非常过硬，可以征服编辑、外审专家和主编。无论是哪种原因，这篇综述论文都值得认真阅读学习。

第二，阅读被转载期刊或中国社会科学网登载的论文，可以了解学术热点。一般而言，能被《新华文摘》《中国社会科学文摘》《高等学校文科学术文摘》和中国人民大学复印报刊资料这些平台转载的论文，含金量都是比较高的，基本属于本学科领域的前沿或者热点。同时，关注和浏览中国社会科学网也是一个不错的选择。登载/转载在这上面的文章，基本代表了国内哲学社会科学界的最高研究水平，所关注和研究的议题，往往也体现着各个学科专业研究的前沿领域。经常浏览中国社会科学网上登载的与我们学科领域相关的文章，也是帮助我们站在本学科领域前沿的一个非常好的方式。

第三，通过重要科研项目的课题指南和立项名称，也能了解趋势和热点。让我们以国内的社会科学项目为例来说明这个问题。比如，国家社会科学基金重大项目招标公告和重大专项招标公告里发布的招标课题指南，集中体现着国家发展和社会进步的现实需要。因此，它的课题指南就是我们判断和把握趋势的一个非常好的切入点。同时，出于同样的原因，那些获批立项的国家社科基金年度项目、专项工程、后期资助项目、中华学术外译项目、国家社会科学成果文库等，也在传递着国家和社会所关注的趋势和热点。至于怎样找到课题指南和立项课题的名称，前者可以在全国哲学社会科学工作办公室官网的"通知公告"上看到,后者则可以通过检索国家社科基金项目数据库来获得。

最后我想说的是,普通的科研人看不到趋势、抓不住热点;成功的科研人能够跟随趋势、研究热点;而最成功的科研人,会让自己成为那个不断制造热点、引领趋势的人。希望你能成为成功的科研人,并且向着成为最成功的科研人的目标而努力。

Chapter 19

第 19 章

面对千头万绪的日常工作,哪有时间做科研?

对于科研人而言,我们不得不承认有些约束条件是刚性的。就像卢梭感慨"人生而自由,却无往不在枷锁之中"那样,我们也时常喟叹这无处不在的约束,比如时间。说来讽刺,对于高校教师这一科研工作者群体而言,我们几乎只能在"业余时间"做科研,哪怕科研成果对于我们至关重要。对于其他科研工作者群体来讲,情况可能好一些,但没有时间管理的意识,缺乏时间管理的能力,终究还是很难取得科研工作上的成就的。这一章,我将结合个人经验与感悟,谈谈我们科研人该如何看待时间,以及怎样在时间的流逝之中获得掌控感,成就自己的事业。

1. 在每个可以步行的时刻，我基本是用跑的

如果你有成为"生活黑客"的向往，或者对自律、成长、"成为更好的自己"这类词和金句有所偏好，那你一定知道时间管理的重要性。结合我的个人经验（主要是教训），世界那么大，诱惑那么多，没有时间管理觉悟的人，不配做科研人。对于高校教师而言，科研是我们的本职工作，然而说来讽刺，不动用我的业余时间，我几乎就没办法做科研。

我的一天：时间都去哪儿了？

在自己的公众号里翻出一篇较为久远的文章，那里记录了 2021 年 11 月 26 日（周五）的这一天我是怎样度过的。现在，我要现身说法，把这段文字直接贴在这里，供你嘲笑。

5:45 起床，尿湿湿、洗手手、做饭饭，6:00 下楼跑步。

6:25 回到家，冲澡 + 继续做饭饭，6:50 叫女儿起床。

7:20 洗碗收拾家务，7:35 拎着大包小包把两位领导（媳妇和女儿）送下楼。

7:40 到 9:00，在家备课。

9:00 打开电脑收复邮件；登录微信电脑端回复消息 / 下载文档；确认"学习通"App 上的培训报名信息；与出版社编辑交流，巴拉巴拉巴拉，把书稿框架和样章整理好发过去。

10:20 开始修改学生发过来的小论文（其间削苹果 1 个，取

快递2个，吃栗子6颗，查看手机各种应用消息8次，刷微信10次，发表情包20个，参与群聊50句，吐槽学生论文100次）。

11:40 做饭，11:45 卷腹100次、蹲起40个、平板支撑5分钟。

12:15 吃饭，刷美剧20分钟（感觉是20分钟）。

13:30 睡午觉。

14:50 起床（不许笑！一般都要睡到下午三点半的，那天算早的了……），尿湿湿、洗刷刷，检查是否带U盘5次，是否带水壶4次，是否带钥匙3次，是否带手机2次，是否锁门1次。

15:05 下楼去学校。

15:35—17:10，讲课。

17:40 到老爸老妈家蹭饭（女儿的爷爷接她放学，也在爷爷奶奶家吃饭）。

18:20 带女儿回家。

18:35 给女儿削苹果，听女儿侃大山。

19:00 提醒女儿写作业、赶紧写作业、尽快写作业、怎么还不去写作业？

在此期间，19:05 打开电脑继续修改学生发来的小论文（其间查看手机各种应用消息8次，刷微信10次，发表情包20个，参与群聊50句，吐槽学生论文100次）。

20:20 哇哦，媳妇回来了。嘘寒问暖请安，听媳妇侃大山。给媳妇诉说自己的梦想和无奈，听女儿在隔壁房间喊"你俩能不能小点声啊，我这写作业呢"。

22:20 催女儿写作业、赶紧写作业、尽快写作业，写完作业就去睡觉。

23:00 洗刷刷完毕，打算再刷10分钟美剧就去睡。

00:45 睡香香。

……

我这科研人的一天啊……不仅稀碎，而且我几乎就没有在做科研工作。

当我们谈论时间的时候，我们是在谈什么？

好了，言归正传。要想做好时间管理，不让我当年的那一天成为你未来的某一天，我们首先得明白什么是时间。也就是说，我们先要搞清楚这个问题：当我们谈论时间的时候，我们是在谈论什么？

先给出经典物理学的时间定义：时间是物质存在的客观形式，用来描述物质在空间中运动变化的持续性和顺序性。其特点在于：时间是连续的、均匀的。时间具有单向性，是不可逆转的。不存在没有物质的时间，因为时间是物质的存在方式之一；也不存在没有空间的时间，因为空间是物质的另一个存在方式。从这里出发，我想把自己所理解的时间写在这里，供你参考。

第一，时间是客观的，但我们其实生活在"主观时间"里。

客观的时间其实和我们没什么关系。我们来到这个世界之前，时间就存在着，但与我们无关。我们离开这个世界之后，时间依然存在，但还是与我们无关。说到底，我们能感受到的时间，就是我们所能拥有的全部时间。这个时间，最长也不会超过我们的生命时长。所以，时间是什么？是我们置身时间长河之中的一个片段，代表了我们的生命周期。任凭弱水三千，我们只能取一瓢饮。

第二，时间是绝对的，但我们感受到的时间具有相对性。

这个道理非常好理解，比如在"我的一天"里，我在修改学生论文的时候，时间是无比漫长的，以至于我需要用"查看手机各种应用消息 8 次，刷微信 10 次，发表情包 20 个，参与群聊 50 句，吐槽学生论文 100 次"的方式，试图让这漫长的时间快一点，再快一点。相信这位学生在写论文的时候，时间也同样漫长。然而，在我们追剧的时候，刷抖音的时候，和有趣的朋友一起聊天吃饭的时候，时光就飞逝如电了。

第三，时间、空间、物质不可分，但我们都有自己的时光机。

这一点也好理解。记忆，经常带领我们回到过去；梦想，时常引导我们展望未来。而奋斗，就是不甘心被过去的自己所困，于是死磕现在、成就未来。我们每个人都拥有自己的时光机。物质世界里，我们每个人都活在当下，而在精神世界，我们很多人其实并不在这里，而活在过去或未来。一般而言，年轻人更愿意活在未来，老年人则更愿意活在过去。

好了，让我在这一部分的最后也传递一下正能量，我的每一天显然不会都像前面"我的一天"里描述得那么惨。其实我在更多时刻里还是很拼的，比如，我会压榨自己的"业余时间"来做科研。事实上，我在每个可以步行的时刻，基本是用跑的：无论是去女儿的学校接她放学，还是从学院的会议室里出来去另一栋楼里给学生上课，抑或是从家里出来去停车场取车，我基本上是跑步前进的。这样做的好处是：省时间，锻炼身体。

2. 把精力投放在能带来"指数增长"的工作上

这部分内容，我想先延续"当我们谈论时间的时候，是在谈什么"那里的讨论，给出一个关于时间管理的认知框架。之后，我们再来谈谈精力投放的问题，因为在很大程度上，在绝对时间被锁定的前提下，改变精力投放的方式才是问题的关键。如图 19-1 所示，你得拥有驾驭"时光机"的能力。

图 19-1　时间管理的认知框架

关于时间管理的一个认知框架

第一，时间管理，真正要管的是我们的"主观时间"。

我们知道，时间是客观的、绝对的，时间是不可逆的、均匀的，时间与空间、时间与物质具有不可分性……我想说的是什么？经典物理学意义上的时间是我们根本无法管理的，因为在本质上，它不仅外在于我们，也构成了我们的存在方式。流浪猫数量再多，能管理城市吗？非洲象体型再大，能管理非洲吗？蓝鲸体重再重，能管理海洋吗？不能。城市、陆地和海洋，都是外在于这些动物，并且构成它们的存在方式的（希望我这个充满民科味道的类比能够说服你）。总之，别试图去管理一个构成你存在方式的事物。但是，我们可以管理自己感受到的那个时间，也就是"主观时间"，这是能够做到的。

一切被纳入时间管理范畴的时间，其实都是主观时间。

第二，时间管理，真正要管的是我们的"相对时间"。

从"主观时间"出发可以推导出"相对时间"。由于能被管理的只是我们感受到的时间，而在不同场景之下我们对时间的感受是不同的，这就让时间具有了相对性。为什么你才写了半小时的论文就觉得生无可恋（相对漫长）？因为情绪不对。所以这时候的时间管理，其实是情绪管理。为什么你感冒、发烧、嗓子疼、头昏脑胀的时候时间总是如此难捱（相对漫长）？因为身体出了状况。所以这时候的时间管理，其实是健康管理。为什么你舍得豁出去半个小时的时间去超市排队，购买每斤便宜两毛钱的鸡蛋（相对短暂）？因为缺钱。所以这时候的时间管理，其实是财富管理。为什么你明明都躺在床上了，结果还是没忍住刷了3个小时短视频（相对短暂）？因为注意力放错了地方。所以这时候的时间管理，其实是注意力管理。

由此，在不同的场景之下，时间管理会转化为情绪管理、健康管理、财富管理、注意力管理等。

第三，时间管理，真正要管的是我们驾驭时光机的能力。

前面讨论过了，有的人活在过去，有的人活在当下，有的人活在未来。活在过去的人，其实很难真正面对现实生活。而不直面现实，基本也就不要期待什么未来了。活在当下的人，不管是积极面对还是消极忍受，至少没有逃避。而不逃避，也就站在了个人成长的起点。至于活在未来的人，分两种情况。一种是用美好幻想逃避现实，他们和活在过去的人殊途同归；另一种是把未来想象得太过悲观，老是说"我不行""做不到""不可能"，于是把自己锁死在当下，同样没有出路。而那种活在未来，又能用明确高远的目标来激励自己，让梦想源源不断、生生不息照进现实的人，才是"狠角色"。因为他们看到了自己未来的模样，并且决定为此奋斗。

说到底，驾驭时光机的能力，是对自己成长预期的管理能力。

精力的分配远比时间管理更重要

有了这个框架,接下来的讨论就会变得容易(虽然内容比较扎心)。接下来,我再给出一个基本的事实:时间在流逝,我们会变得越来越老。迟早有一天,我们的精力也会历史性地掉头朝下,变得越来越不够用。那么,作为想要成就一番事业的你和我,该怎么办?

一个常识性的答案是:如果时间不够用,精力下降也不可逆转,那就用提高效率的方式来弥补,要提高单位时间和精力的产出效率。然而这一点并不乐观。从事一份工作时间久了,都会形成路径依赖,想要陡然提升效率并不现实。比如,我受到科比"你见过凌晨4点钟的洛杉矶吗"的启发,曾经尝试早起,每天4点半起床,可情况并未好转,因为清晨的效率提升,是以一上午乃至一整天的昏昏欲睡为代价的,四舍五入,约等于和以前一样。

既然如此,就只能另辟蹊径。如果精力不允许,效率也由于路径依赖而是个常数,那么就只能改变精力投放在不同工作中的比例。重点来了(见图19-2):可以把工作分为"内部积分卡"(工作1)和"外部积分卡"(工作2)两种,前者偏重内部驱动的、个人感兴趣的、擅长的、热爱的工作;后者偏重外部驱动的、事务性的、程序性的、职务性的工作。这个分类并不严谨,好在模糊的精确胜于精确的模糊,我们只要听从内心的判断就好。然后,把更多的时间精力投放到工作1,努力提升效率;至于工作2,能砍就砍,能不做就不做,必须承担的,就尽量标准化、流程化,尽量减少对时间精力的消耗。

然后,可以尝试按照如下方案来投放你的精力:先去完成工作1,或者把自己精力最充沛、最可能不被打扰的时段留给工作

1；后去完成工作 2，或者把自己效率较低、容易被打扰的时段留给工作 2。为什么要这样来分配自己的精力？因为做好工作 2 充其量只是让你能称职，但基本只是"留在原地"；而做好工作 1，才能让你有机会获得"逃逸速度"，摆脱普通科研人的职业发展轨道，成就非凡人生。理论上，工作 2 相当于线性增长曲线，不温不火、稳步发展；工作 1 则相当于指数增长曲线，先慢后快，一飞冲天。而只要你能忍受起始阶段的短暂落后，你的事业将会迎来拐点，整个世界都会为你的发展让路。

图 19-2 要按工作的重要性分配时间精力

要知道，精力的分配要远比单一维度的效率提升更重要。如果你的精力是 100，但是你把自己几乎全部的精力都用在工作 2 上，那么不管你的效率有多高（事实上它只是个常数，很难再提升），最多只能改变一点点线性增长曲线的"斜率"。而如果我的精力是 80，明显不如你，但是我只把其中的 40 用在工作 2 上，而把另外 40 投放在工作 1 上，结果会怎样？也许我的效率不如你，短期成果也不如你，但是我在"滚雪球"，我在追求指数增长，复利效应会让我在未来的某一天成就辉煌。

总之，精力的分配不仅比精力的绝对值重要，也比提升效率更重要。我们要把难以提升的效率和有限的精力，尽可能地投放到工作 1 中去。

3. 处理好并联与串联、主观与客观的关系

如前所述，时间管理基本算是一个伪命题，但是如果我们能够处理好关系，单位时间的利用效率也还是有提升空间的。这一部分，我们就从处理好并联与串联、主观与客观的关系维度，再来谈谈时间管理的问题。

处理好并联与串联的关系

如果把每个人所拥有的时间视为一个常数，那么，提高单位时间的利用率就比较重要了。我能想到和努力践行的一个原则是：工作2，能并联去做就并联去做；无法并联的，再选择串联。然后在串联的时候，把工作1排在前面，确保先去完成工作1，而工作1如果也有几项工作，那就按照重要程度来排序，串联去做。等工作1都完成了，再去做工作2。

先说并联。比如，2023年秋季学期里的某一天，我们单位通知下午开大会进行全体教师的教学培训，强调只有签到和签离两次都有签字才作数。有课的老师，可以选择改天去（连续办3场，3个下午）。好了，这个事情看来躲不掉。该怎么办呢？我分析了一下，由于会议通知上写的是14:10开始签到，17:10左右散会，而17:30之前签离就作数，而我那天下午的课是在15:35到17:10。于是，我决定在自己有课的那天下午去参加培训。也就是把"参加培训"和"上课"这两个事情，并联在一起来做。而刚好那几天还有一部书稿需要我来审读，于是我把这个事情也加上去了，在"上课"之外的"参加培训"的时段，我还可以坐在培训会议的座位上审读一点书稿的，简直完美。

于是我带着需要审读的书稿，14:10去会场签到。找到座位

之后，打开书稿开始工作。然后距离上课的时间差不多了，我就从培训会场出来，跑步去教学楼（大概10分钟"跑程"）上课，等下课之后，我再跑步回到会场签到。

你可能会问，为什么不开车？考虑到上课前教学楼楼下的停车场一定是车满为患，而培训这边在散会时，通往会场的各个路口也一定是车满为患，所以，开车不如步行，步行不如跑步（参见本章第一部分标题"在每个可以步行的时刻，我基本是用跑的"），所以我选择不开车，而是把车停在了培训会场外面的停车场。

再说串联。串联，也就是按事情的重要程度做个排序，也就是我们常说的"要事优先"原则。在每天开始工作的时候，都把"要事"放在第一位，做完要事，或者达到当日计划完成要事的数量和质量之后，再做次要的。另外，这里最重要的事是工作1，要排在前面；而次要的事是工作2，要排在后面。这个道理很简单，而且通常情况下我们也都习惯于串联着做事，所以能够分清主次就好，这里就不举例了。

处理好主观与客观的关系

时间是客观的，然而一旦进入个体视角和主观体验，时间的客观性就不再重要。它当然是个不可缺少的基础设定，但我们对时间的主观体验，显然不会停留于此。事实上，如图19-3所示，我们都生活在主观时间的"诅咒"里。

比如，在校园里来来往往的大学生们，也就二十出头的岁数。他们应该有着80年甚至更久的未来。所以现在的每一年，对他们而言只是未来生命中的1/80，因此，如果他们吃喝玩乐打游戏，大把大把地挥霍时间，一副满不在乎的样子也算正常。反正时间多的是，怕啥？再来看看现在的我，情况就完全不同了。我这马上就"奔五"的岁数了，足球比赛解说员怎么讲？留给中国队的时间不多了。以我再活 20~30 年算，我能做出业绩、出成果的职业生涯也就只剩下十几年了。那么现在的这一年，对我而言就是未来生命中的 1/20，就是未来职业生涯中的 1/10。你瞧，这形势一下子就严峻起来了。

图 19-3　来自主观时间的"诅咒"

所以，大学生们无忧无虑、岁月静好，而我气急败坏、火烧眉毛，也算正常。

然而转念一想，情况也并不总是如此。君不见，大学生里也有非常勤奋刻苦的，他们的学习能力和认知水平，每每能让我在课堂上感受到明显的压力；反倒是我们教师里有很多人，还不到 50 岁就早早选择"躺平"了。为什么？其实还是主观时间的"诅咒"。那些为着人生理想全情投入、全力以赴的年轻人，应该已经意识到大学时光是自己精力最充沛、时间也最自由的黄金成长期，因此不想辜负大好年华，格外珍惜；而不到 50 岁就"躺平"的教师，则应该已经意识到自己这辈子也成就不了什么了。他们会说，要能有所成就，我早就不是现在这个样子了，所以也就没必要再委屈自己了，该吃吃该喝喝，享受美好人生吧。

你瞧，真正决定一个人是否努力的，不是外在的年华，而是对自己所处生命阶段的主观判断。你的观点决定了你对待自己人生的态度，而不是你所拥有的客观时间。有人早早"躺平"，有人不懈努力，看清了主观时间的"诅咒"，我们就再也没有了借口——奋斗与否，这只是价值观问题，和客观年纪无关。

李笑来在他的书《财富的真相》里说，我们活在互为镜像的世界。之前他也表达过类似的观点——面对同样的客观现实，我们却往往会看到截然相反的"真相"。时间也是如此，它依然故我，就在那里（客观），而我们看待它的方式（主观），才具有最终决定意义。

无论主观还是客观，此时此刻，才是我们唯一可以把握的时刻。至于怎样把握，你说了算。反正我是铁了心要选择奋斗到底。至于说到原因，就像清华大学的梅赐琪老师说的那样，别让这世界对我们完全得手。

努力增加时间的相对长度和绝对长度

作为处理好主观时间和客观时间关系的延伸，我们还可以通过延长时间的相对长度和绝对长度的方式，让自己拥有更多的"可支配时间"。

先说增加时间的相对长度。比如，我们每天早起两小时，晚睡两小时，客观上就增加了 4 个小时的可支配时间，这就是增加了时间的相对长度。如果把这个事情做到极致，就是传说中的"达·芬奇睡眠法"：每清醒 4 个小时就去休息 15 分钟。这样一天下来，只睡不到两个小时就够了，算是把可支配时间增加到了极致。据说有人尝试过这种方法，最长的纪录是把这种睡眠法保持了接近半年，最后这位仁兄放弃这么做的原因不是身体吃不消，而是实在不知道多出来的时间要去做什么。本质上，增加时间的相对长度，就是增加每天工作时间的绝对长度。这一点其实有些无奈，但是必须承认，我们的人生成就更多来自工作时间。我们把时间投入到了哪里，我们就会成为哪种人。比如，成为游手好闲的人，或者科研精进的人。

对于增加时间的相对长度这个事情，我有两个担心。一个是无论早起晚睡，还是达·芬奇睡眠法，这种增加时间相对长度的方法会不会折寿？如果眼前的时间多起来了，结果少活了十年，那也是得不偿失的。另一个是时间是多起来了，但是如果工作的效率随之下降，也是意义不大的。正如我在前文介绍过的那样，我曾尝试凌晨4点半起床，但实际效果其实并不好。

再说增加时间的绝对长度。这个好理解，就是尽量选择健康的生活方式，让自己长寿。在我们科研工作者群体里时常爆出有学者英年早逝的消息，的确令人唏嘘。如果我们能放慢脚步，多活它10年、20年，岂不快哉？至于说怎样长寿，基因是一方面，也是我们目前无法左右的，另一方面就是多做运动、健康饮食、规律作息、保证睡眠质量、常怀感恩之心……介绍这方面内容的书籍和课程太多了，我就不多做讨论了。

4. 获得"掌控感"比所谓的时间管理更重要

时间是理解万事万物乃至我们生命的基本尺度。同时，时间也标记事件发生的顺序性和持续性，让我们知道某件事是如何产生、发展和结束的。事件可以发生在过去，也可以发生在此刻。无论是季节的更替、个体的成长，都要在时间的流逝中展现。而我们所有的期待，也会在未来的某一刻成真或破灭……当我这么说的时候，其实内心是有些悲凉的。为什么？因为时间在本质上不受我们掌控，时间并不在乎我们怎么想。好消息是，我们不需要真的掌控，"掌控感"就已足够安放我们的虚荣和自大了。事实上，获得掌控感远比时间管理重要。那么，怎样获得掌控感呢？

第一，做计划，增加对未来3~5年的掌控感。

计划的目的不是完成，更不是对抗世界的不确定性，而是通过做计划和执行计划的过程，来获得对时间的掌控感。注意，不是掌控，而是掌控感。本质上，我们几乎什么都掌控不了。人生的很多悲剧都来自我们希望掌控自己根本掌控不了的事情。天要下雨，娘要嫁人，只能随它去；但是有掌控感，以为自己正在掌控，就会极大提升我们的主观体验，激发动力。那么，怎么做计划呢？以我的经验，3~5年的中长期计划为妥，"跳一跳能够摘到桃子"的目标为妥。这样计划的好处在于，既不会因为太过遥远而被淡忘，也不会因为迫在眉睫而引发焦虑。如果计划10年内评上教授，感觉还有10年呢，完全来得及，也就缺乏对行动的激励作用了；但如果非要一年之内就拿下教授，弄得自己都不信，简直痴人说梦，除了无奈和焦虑，还会引发自我怀疑，根本无法行动。

第二，抓落实，增加对未来一年的掌控感。

再美好的愿望，也要通过计划一步步去落实。从我个人经验来讲，落实的前提是把计划目标拆解成每周的任务。比如，把5年内评上教授的计划，落实在今年要写出4篇论文、发表一篇论文以及申报3个项目上。然后把今年的任务继续拆解，落实在每个季度、每个月、每周。拆解到每周，以"周"的颗粒度来落实工作任务比"每天""每月"要好。这样既不会卡死在每一天，不会因为某一天未能完成计划就开始自我怀疑，放弃全部，满盘皆输；也不会因为"还有一个月呢"而导致每每集中在月底的最后两三天拼命，数量质量都没有保障，还非常容易让计划流产。记得，任务本身是什么不重要，掌控感却一定可以带我们去自己想去的地方。

第三，主动追剧、主动刷短视频、主动休息，总之要主动。

可以把这一点视为对"掌控感"的补充。它的道理是这样的：当你被"神剧"带了节奏，根本停不下来；当你被算法裹挟，被海量的短视频所吸引而欲罢不能，你会有种身不由己、随波逐流的无力感。然后，你会开始自责、自我怀疑甚至自暴自弃，开启了恶性循环。那怎么办呢？我的经验是变被动为主动，主动追剧，主动刷视频。你甚至可以把追剧写在自己的任务清单里，写清楚工作日每天追一集，周六日每天追两集。刷短视频也是同样的道理，每天留出专门的时间来刷，检索自己最感兴趣的内容来刷，不刷满 20 分钟就不能停。你瞧，我们的主体性、主动性都体现出来了，我们不是在随波逐流，而是在主动放松。这样一来，当我们停止娱乐的时候，就不会因为娱乐而责备自己，产生内耗，而是轻装上阵，继续战斗。

最后，让我用一句比较文艺的话来结束这一章吧。时间是一条河，我们只是河床上的一粒沙。当它流过的时候，我们要尽力翻滚出自己想要的模样才好。

Chapter 20
第20章

面对纷至沓来的工作任务，怎样去执行？

说完时间管理，我们再来看一下任务管理。对于科研人而言，如果说做好时间管理是让我们在俗事萦缠的日常生活之中拥有做科研的可支配时间，那么做好任务管理是让我们把这些时间用好用足，高效完成纷至沓来的工作任务。我还是从我的个人经验教训出发，给出科研人提升任务管理认知、保证任务落地执行的实操步骤。没有时间管理的赋能，任务管理就无从谈起；而缺少任务管理的支撑，时间管理也就成了空中楼阁，终将竹篮打水一场空。

1. "执行三件套"："今天宣言"、甘特图与计划表

虽然我也有前面一章"我的一天：时间都去哪儿了"的那种凌乱不堪的日常，不过总体来讲，我在任务管理方面还是有些经验，取得一些成效的。为了证明"我是过来人"，以此增加我接下来要介绍的任务管理经验的说服力，我要先简单吹嘘一下自己都完成了哪些任务，毕竟，这才是检验任务管理能力的唯一标准。作为高校一线教师，我在完成每年不少于 320 学时教学工作量的同时，不仅保住了自己的博士生导师资格（一年一考核）和招生名额（每年打分排名），还完成了年薪制的各项考核目标。此外，我还是个自媒体作者，运营"老踏谈科研"和"青椒计划 UP"两个公众号；我还是一个线上服务机构——学术链@科研院的创始人，带领我们团队的 50 多位导师为广大社科科研用户提供一站式知识服务；我还是个零售图书作者，近年来陆续出版了 3 本社科科研成长类图书，还有一本已经付梓。眼前你正在看的这一本，是第 5 本。

好了，我完成的这些任务和那些任务管理大师相比显然微不足道，但是正如我在本书序言中写的那样，也许普通人的经验更能帮到你。那么，我是怎么做任务管理的呢？概括而言，我有"执行三件套"。

"执行三件套"之一："今天宣言"

这份"今天宣言"，是我在意识到自己再有 4 年就要年满 50

周岁的生日那天,沐浴更衣,凝心聚力,精雕细琢写出来,用来激励自己的"小作文"(其中的"自我激励曲线"见图20-1)。然后,我把它打印出来,和我的"甘特图""计划表"一起贴在我女儿学习桌的背板上(自从女儿上了寄宿制学校,这个书桌就归我使用了),方便每天阅读。

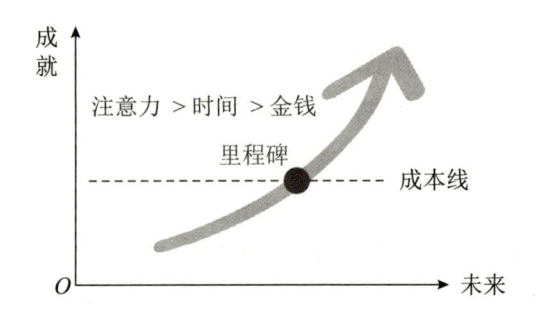

图 20-1 老踏"今天宣言"里的"自我激励曲线"

好了,以下就是这份"今天宣言"的原始内容,仅供参考。

站在新一天的起点,我要做到:

一切过往,皆为序章。今天,是我生命中最年轻的一天,是个起点。未来有多远,我不知道,也就无须多虑。

愿我的父亲母亲都能平安喜乐、健康长寿;

愿我的家人都能因我的存在而感到温暖、感受幸福;

愿我能善待这一天,不抱怨、不纠结、不贰过。

愿我能用正确的方式做正确的事,不断成长、加速成长,和家人相伴成长。

今天以及此后的每一天,我要牢记这张图、信仰这张图、感激这张图,然后用这张图来指导自己的行动——

我将在如下3个维度投放注意力:科研、内容输出、投资。

科研是我的本职工作，是安身立命的基石，是人生"有所成"的意义来源；内容输出是我依托自身优势的兼职工作，是能带来收入和价值感的第二赛道；投资可以帮我守住财富，让我做自己真正想做的事。

我的投资策略是：把自己的兼职收入变成资本，以股票基金、货币基金、黄金基金、债券基金"等比例永久组合"的方式进行投资，投资时长匹配我的生命周期。

我明白成长需要健康身心的支撑，以及家人们的相互陪伴。为了前者，我要晨跑＋卷腹＋蹲起；为了后者，我要把"工作为生活服务，财富为家人服务"这个原则贯彻始终。

看到、想到、说到都不如做到。方法论已然摆在这里，去执行才是成长的唯一法宝。

好了，展示完毕。我在这份宣言里写了什么其实并不重要，重要的是你也可以拟定自己的"今天宣言"，然后把它放在你最容易看到的地方，每天起床之后读上一遍。相信我，"今天宣言"会让你的每个今天都如重获新生一般豪情满怀。再之后，你可以根据实际情况的变化，以年为单位（比如每年的生日那天），不断迭代和优化你的宣言。

"执行三件套"之二：甘特图（任务进度图）

所谓甘特图（Gantt Chart），又称横道图、条状图，是一种通过条状图形来展示多个任务的先后次序、执行进度和完成情况的任务管理工具。它的好处是简便易用且一目了然，非常适合我这种不怎么会用电脑软件或手机 App 做计划的"计划控"。为了说明它的好处及用法，我仅举一例。

那是在 2023 年 3 月初，我的科研团队小伙伴经过一个寒假的辛勤工作，陆续完成和发过来了自己分工撰写论文的初稿。正常情况应该是我每收到一篇论文，就做审读和批阅工作，然后短则三两天，长则一周给相应的成员做个反馈，要求他们进一步修改和完善的，可惜那段时间我真的非常忙，居然逐渐就积累下了 11 篇待反馈的论文初稿。话说时间已经来到了 4 月，那天刚好有了一个空当，我就快速通读了这 11 篇论文，发现其中只有一篇基本达到我心目中的投稿要求，其他 10 篇，或多或少要进行修改和打磨。而经验表明，我这边拖得时间越久，团队的士气就越差，重启的难度也就越大，弄不好人心散了，这团队都要解体。于是我决定下狠心逼自己一下。如图 20-2 所示，我制作了一份任务进度图，把这些论文的审读和批阅工作任务列入未来 30 天的待办清单，要求自己每 3 天完成一篇，一个月内完成全部任务。

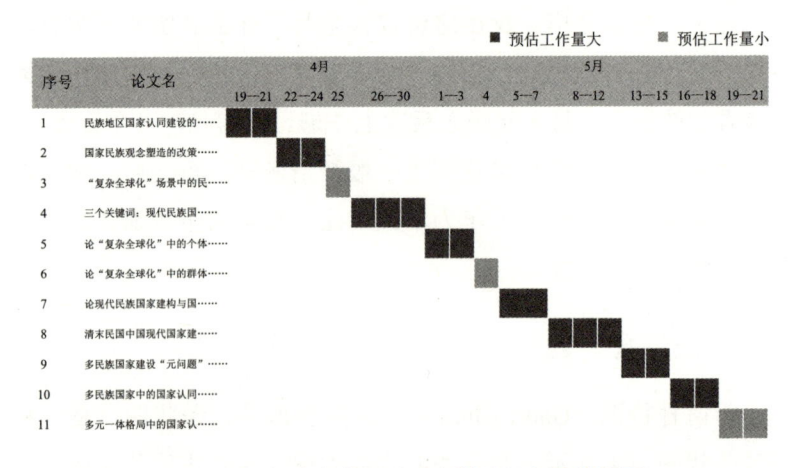

序号	论文名	4月 19—21	22—24	25	26—30	1—3	5月 4	5—7	8—12	13—15	16—18	19—21
1	民族地区国家认同建设的……	■	■									
2	国家民族观念塑造的改策		■	■								
3	"复杂全球化"场景中的民……				■ ■							
4	三个关键词：现代民族国……				■ ■							
5	论"复杂全球化"中的个体					■ ■						
6	论"复杂全球化"中的群体							■ ■				
7	论现代民族国家建构与国……								■ ■			
8	清末民国中国现代国家建……								■ ■			
9	多民族国家建设"元问题"……									■ ■		
10	多民族国家中的国家认同										■ ■	
11	多元一体格局中的国家认……											■

图例：■ 预估工作量大　■ 预估工作量小

图 20-2　老踏完成系列论文批注任务的甘特图

现在，列在这张任务进度图里的论文，有 6 篇已经发表见刊，有 2 篇已经被录用，还有 2 篇则在投中。能取得这样的成绩，还是让人欣慰的。

"执行三件套"之三：月度计划表

鉴于这个表格我个人一直在用，亲测有效，所以在这里也再介绍一下。如图 20-3 所示，这就是我现在使用的计划表，一般是在每个月第一天，我会把这个模板打印出来，填好内容，然后和"今天宣言"、甘特图并列，贴在我女儿学习桌的背板上。

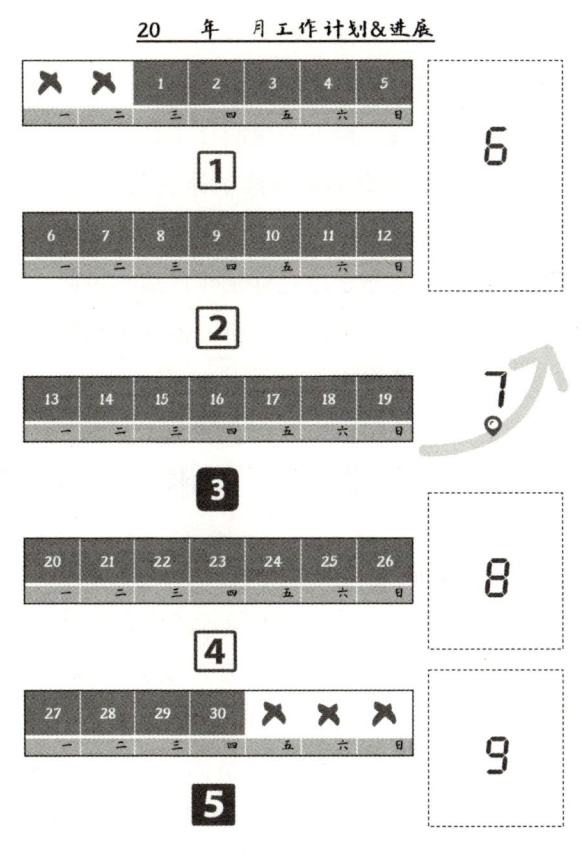

图 20-3　老踏的月度工作计划 & 进度表

在表格 1、2、3、4、5 的位置，可以写每周任务的进展和完成情况；6 的位置可以写本月的工作计划；7 的位置可以画一条指数增长曲线（还记得我们在介绍工作1时的这条曲线吗？）来激励自己向上发展；8的位置可以写几条重要但不紧急的事项来提醒自己，比如我之前写的是每天跑步、蹲起、卷腹，现在写的是健康增重，有氧运动＋力量训练＋拉伸；9的位置我以前是作为"备忘"，写上个月遗留的任务或下个月即将开始的任务，现在则是画了一个四象限的坐标图。这个坐标图的内容，我们将在本书最后一章的"系统思维"部分简单介绍。

最后我想提示的是，无论是甘特图还是月度计划表，不是说制订了计划就一定能完成，也不是说制订了计划就必须要去完成。在我看来，这两种一厢情愿都是误读了计划的本质。计划的本质是帮我们获得掌控感和确定性，从而避免消沉、自卑、焦虑等负面情绪的干扰，可以有条不紊地进行工作，达到目标。计划要做，也要按部就班地去执行，但要记得给自己留出足够的冗余和弹性。否则一旦被计划反噬，就得不偿失了。

2. 把忙碌方式从"内卷模式"切换为"内驱模式"

希望刚才我介绍的"执行三件套"能够给你带来启发。需要提示的是，这"三件套"本质上都属于任务管理的外部辅助工具，如果我们没有把"我"这个主体关照好，没有对这个内部运行系统进行维护，再好的工具也很难发挥功效。而要关照主体，维护内部运行系统，就一定要说到模式转换的问题了。而这个模式转换，概括来讲就是我们不怕忙碌，重点在于要把忙碌的方式从"内卷模式"切换为"内驱模式"。一旦完成这种转换，我们的任务管理就会事半功倍，甚至能如鱼得水。

忙碌本身并不是什么坏事

现代社会，以"忙"为荣。忙碌带来了一些实实在在的好处。比如，来自哥伦比亚大学的一个研究团队分析了一款任务管理 App 的 2.8 万名用户，得出结论：忙碌的人完成任务的速度更快、效率更高；悠闲的人，反而更容易错过截止日期。因为忙碌的人和那些整天游手好闲、得过且过的人比起来，执行力更强，也更靠谱。比如，保持忙碌是提升认知能力，增强自信、缓解焦虑、提高生活质量的重要途径。戴尔·卡耐基就曾指出，人要保持忙碌，忙碌是世界上最便宜的药。由于忙碌，就没有时间精力去胡思乱想，客观上减少了各种情绪问题产生的概率。又如，忙碌也可以让一个人获得价值感。我们知道，人都有被别人需要的需要，也就是通过力所能及地帮助别人，满足别人的需要，从而获得"我对别人有用"的自我效能感。人的价值是要通过关系体现的，而满足别人的需要，就是最便捷的方式。

总之，除了那些为了刻意表现自己很重要，强刷存在感，本来不忙却张口闭口、见人就说自己太忙了的少数人之外，我们科研人的忙碌，其实是个好事情。

"内卷模式"的忙碌才让忙碌变成贬义词

虽然我列举出了忙碌的种种好处，但我估计这些说法都很难说服你。你可能会说，岁月静好才值得追求，一天到晚奔命一样地忙碌，累得要死，到底有何意义呢？忙碌本来就是操心、费力不讨好的同义词，你老踏再怎么给忙碌洗白也没用……好在我是高校一线教师，也是一名忙碌的科研工作者，你无法用"站着说话不腰疼"来反驳我，这一点我很庆幸。

不过你有没有想过，你的这种"奔命"、"累"、无意义感、"操心"、"费力不讨好"等负面感受，都是由忙碌带来的吗？你的问题，真的是因为忙碌吗？其实并不是的。只有"内卷模式"的忙碌，才会带来这些问题。

一个组织或者系统中的每位成员都越来越辛苦，而组织或者系统却没有因此发展、进步与提升，这就是内卷。很多人之所以会觉得累，是因为他们陷入了这种"内卷模式"的忙碌之中。这种忙碌的典型表现是：工作任务纷至沓来，以至于今天在赶昨天的进度，明天再补今天的任务。忙到没有时间去学习，没有时间去想怎样改进方法、提高效率，更别说去制订个长期计划了——而内心明明知道，这些才是摆脱现在这种忙碌状态应该考虑的问题，这才是重要的事。当事人也会抱怨，为什么只让蚕吐丝却不让它吃桑叶，这样下去怎么得了？然而，抱怨归抱怨，一旦有了空闲时间，当事人也不去考虑怎样摆脱这种状态，而是刷刷手机、打打游戏、追追综艺，或者干脆就去吃顿大餐。也正因如此，等工作任务再次纷至沓来的时候，当事人就又回到之前的状态了，然后继续抱怨为什么只能挤牛奶却不让牛吃草，这样下去怎么得了。

你瞧，这就是"内卷模式"的忙碌。它的本质在于，忙碌和成长无关，忙碌本身并不会带来个人能力的提升和认知的迭代。当事人只是在疲于奔命和肆意享乐之间来回摇摆。可以想象，一旦外部环境发生变化，当事人是没有多余的能力和精力来面对这种状况的，等待他的将是越来越严峻的职业环境和发展困局。

"内驱模式"的忙碌才是忙碌该有的样子

现在，是时候把"内驱模式"的忙碌介绍给你了。

相信你在生活中也遇到过这么一种人，他们忙而不累，总是精力充沛、激情满怀，忙完了一个任务，马上又能全情投入地去忙下一个任务。他们就像"永动机"那样不知疲倦、永不停歇，他们的科研成果也经常是建设性的甚至是开创性的，让你由衷感叹"为什么我就没想到"。而且他们居然还有时间去健身，动不动就在朋友圈里发一个晨跑 5 公里的动态，家人孩子也都被照顾得很好，一家人其乐融融，他们在生活中永远是一副生龙活虎的样子。你可能会觉得，这是因为他们很"自律"吧？关于自律的问题我们将在本章的最后一部分来谈，这里我们重点分析一下他们能够保持这种状态的动力问题。动力究竟来自哪里呢？答案是来自内部，这种人的忙碌就是"内驱模式"的忙碌。显然，他们不是被外部任务逼迫着往前赶，疲于应对的，他们是内部驱动的，是自己驱动着自己往前走，"进一寸有一寸的欢喜"，享受成长的过程。比较而言，这种人的任务管理能力强悍，他们是卓有成效的，而陷入"内卷模式"忙碌的人，就算不是徒劳无功，也是收效甚微的。

相信你一定会非常羡慕乃至钦佩这种人的状态，并且希望自己也能成为他们那样的人。那么，我们该如何完成忙碌的模式转换，让自己也变成一个内驱型的任务管理达人，成为一名卓有成效的科研人呢？这就是下一部分我想和你重点讨论的问题。

3. 成为卓有成效的科研人的 4 项自我修炼

在我看来，"内驱模式"的忙碌完美诠释了一名卓有成效的科研人该有的样子。而为了成为这样的人，如图 20-4 所示，我们需要完成如下 4 项自我修炼。

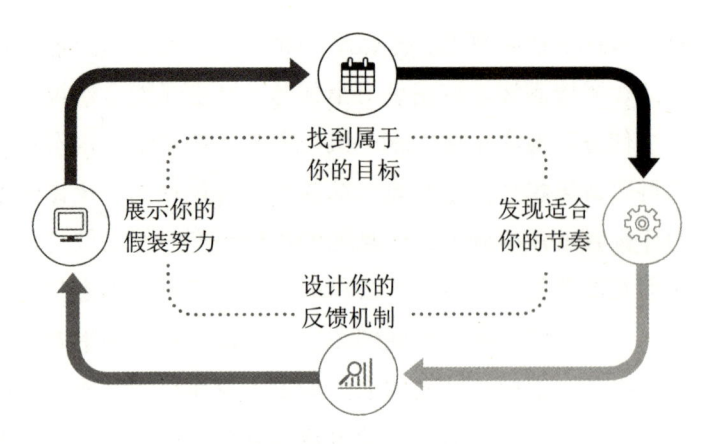

图 20-4　卓有成效的科研人的四项修炼

自我修炼之一：找到属于你的目标

"内驱模式"和"内卷模式"的忙碌相比，两者最大的差别在于主体不同。在"内驱模式"的忙碌中，"我"是主体，是我要去忙，要去完成我的任务；而在"内卷模式"的忙碌中，"任务"是主体，是任务让我忙，于是我不得不成为完成任务的工具。当我们发现两者之间的这个差别，把"内卷模式"转换成"内驱模式"，成为卓有成效的科研人的办法也就呼之欲出了，那就是——找到属于你的目标。

显然，属于你的目标是能够让你兴奋、让你发自内心想去完成的任务。这种目标有两个特点，一个是挑战了舒适区，可以给你带来新鲜感、刺激感；另一个是开创了新领域，在你之前，这个领域还没有什么人去做，你不但去做了，还成功了。这里有个需要我们看清的事实，那就是置身科研行业，我们不仅面对着科研考核目标和专业技术职称晋升的外在压力，还面对着"我想研究什么""我要在哪个领域取得成功"的自我挑战。当你进一步观察和思考就会发现，其实这两者之间并不存在不可逾越的鸿沟，事实上，我们完全有机会用后者覆盖前者。于是，一个奇妙的事情发生了。你忙的很可能还是以前的任务，比如读文献、写论文、申请项目、带团队，但是这些任务现在变成了你为了"我想研究什么""我要在哪个领域取得成功"而去完成的任务。

自我修炼之二：发现适合你的节奏

不知你是否有过这样的感受：如果你能安排一件事情，哪怕只能安排其中的某个环节，你的自我感觉也会好很多。同样地，如果一件事情你是被外在指令要求去做的，哪怕你知道做这件事情是对的，应该去做，可你做起来还是觉得不舒服，想去抵抗一下。如果你也有这样的感受，那你就和这世界上的绝大多数人是一样的，我们都希望获得掌控感。

好了，说回到我们这里讨论的问题。如果一项任务你可以按照自己的节奏来进行，这项任务就不会那么令你不快。而如果这项任务恰好又是"属于你的目标"范围内的任务，那么这简直就是自带"泼天的富贵"的项目了，你的自主性、内驱力都会因此爆棚。现在，我们只需探索一下自己的"节奏"就好了，把这项属于你的、由你安排节奏的任务，安排在你精力最充沛、效率最高且最不被外界打扰的时段与场景。我向你保证，你完成这个项目的过程，会像玩游戏那么快乐。

自我修炼之三：设计你的反馈机制

游戏里有一个让人上瘾的基础设定，那就是即时反馈。为什么玩游戏会那么爽？这里面的玄机就在于它反馈机制的设计。在游戏里，你每打一只怪，都会非常明确地获得 100 点的经验值，即打即得，绝不落空。你的每一项成就都会记录在徽章系统、排行榜系统和分数系统里。你可以随时知道自己的进步。玩游戏的时候，每过几分钟，就会有成功通关或是通关失败的反馈。你瞧，哪怕是关于失败的反馈，也能激起我们更大的游戏热情。

借鉴游戏的这个基础设定，我们也要给自己的任务执行设计一套反馈机制。在我看来，可以把这个机制设计成细化目标、量化测量、即时奖励3个步骤，然后形成正反馈，不断循环。比如要写10万字的书稿，我们先把它拆分成8章32个小节，每小节里面包含3~4个目标题。然后，我们每完成一个目标题的写作任务，就小小地奖励自己一下，比如吃块雪糕或者看段脱口秀；等完成了一节内容的写作任务，就追一集美剧或者吃一顿烧烤；等写完一章，就约上三五好友看一部电影，顺便吃上一顿大餐；等全部书稿写完了，可以和家人安排一次短途的自驾旅行。

然后，当你设计了这些外在奖励并且狠抓落实之后，很快就会惊奇地发现，其实看着自己的书稿被一点点完成本身，就会给你带来巨大的满足感和成就感，这种满足感和成就感甚至比看电影、吃大餐还要爽。你瞧，这个反馈机制也有一个从外到内的过程，一旦形成内部正反馈，你就已经修炼成为卓有成效的科研人了。

自我修炼之四：展示你的假装努力

最后我还想再给出一点补充。万一以上的各种努力都收效甚微，"内驱模式"的忙碌还是没能建立起来，我们还可以拿出这一点当撒手锏：通过展示你的假装努力，来让自己看起来似乎拥有"内驱模式"的忙碌。有句话是怎么说的来着？假装的时间久了，你自己都会信。对，就是这个道理。

还是拿我自己的例子来说明这个道理吧（对，我就是那种想尽各种办法都很难"内驱"的科研人）。这么多年的科研工作锤炼，让我拥有了一种敢于在任何场合打开笔记本，就地工作的勇气。比如，前面你看到的那个"甘特图"，就是我坐在我家汽车的后座上画出来的，而当时我媳妇正开着这辆车，行驶在从北京回秦皇岛的高速公路上。我就地工作的"地"主要包括高铁、动车或者飞机经济舱的座位上（这属于移动办公），高铁、动车候车室或者飞机候机厅里的座位上（这属于固定办公）。此外，我还在出租车的后座上，在火车卧铺车厢的上铺、中铺和下铺上，在等待铁锅炖、麻辣香锅、手擀面、烤串上桌的饭桌上兢兢业业地工作。我还在酒店家庭房卫生间的洗脸台上工作过，为了不打扰尚未起床和已经睡下的家人；我甚至还坐在医院病房卫生间的马桶上，把笔记本垫在自己的大腿上工作过，这种比较极端的情况发生在岳母住院、媳妇住院、女儿住院而我陪床的时候。这样做的好处在于：在非工作场合工作，工作的绝对时长和相对效率都会因此增加和提升。因为这种场合工作是比较另类的，为了避免尴尬，好歹也得假装在认真工作，以证明手头的这项工作真的很重要。于是每当这时候，我的工作效率反而会比较高。不得不在众目睽睽之下做"反常"的事，或者在极端场景之下去工作，来都来了，我就不得不真的去做、投入去做。

也许我这4项自我修炼在那些真正卓有成效的科研人看来，简直就是在东施效颦。但是我可以负责任地说，假装自己卓有成效的时间一久，你猜怎么着？你还就真的越来越有成效了，那些过去你想都不敢想的事情，现在居然真的可以做到，而且做得很好。别问我是怎么知道的，因为，我就是一个假装卓有成效的科研人。

4. 别用战术上的自律掩盖战略上的"躺平"

在这一章的最后，我想再来聊聊自律。关于"自律"以及它所传递的价值观，早已随着成功学的散布而被家喻户晓。围绕自律这个词，俨然形成了一套蔚为壮观的认知逻辑、鸡汤体系和行动策略。信奉自律出奇迹的人，每每以"自律使我自由""自律一年，让我变成大家羡慕的样子"来自我标榜，还有各种碰瓷的，说什么"停止精神内耗，是一个人最顶级的自律""自律 3 年，让我年入百万"之类的。读到这里，相信你也看出来我的潜台词了。是的，我对自律这件事真的不以为然，因为绝大多数把自律挂在嘴边的人，是在用战术上的自律来掩盖战略上的"躺平"。我真的不建议你在这种层次上搞什么自律。

成功学家鼓吹的自律很可能是错的

先说说什么叫自律。自律，出自《左传·哀公十六年》，指在没有人现场监督的情况下，通过自己要求自己，变被动为主动，自觉地遵循法度，拿它来约束自己的一言一行。"遵循法度，自我约束"，这应该就是中国传统文化意义上的自律了。

与《左传》相隔两千多年，哲学家康德提出了"自律即自由"的思想。通俗理解，也就是要想获得高度自由，就必须做到高度自律。而且康德还用自己的行动来践行这个思想。据说他每天早上在固定的时间去散步，然后回家写作，晚上也在固定的时间就寝，十年如一日，以至于邻居们一看到他在散步，就知道是几点了。到这里，一切都很正常。结果成功学家跳出来了，开始大肆渲染，说什么康德用一生的自律，让自己成为伟大的哲学家，收获了幸福的人生，获得了真正的人生自由。这是一种典型的、明目张胆的因果倒置，混淆视听。他们所鼓吹的自律，从一开始就站不住脚。

不建议你自律的 3 个理由

第一，人是目标驱动、意义驱动的物种，而自律充其量只是实现目标、完成意义的一种手段而已，它不是必选项。

一个不知道自己想要什么，不明白自己这么做的意义是什么的人，自律只是屠龙之技，毫无价值。康德的成功，是源自他深刻的洞察、缜密的思维、丰富的知识、雄辩的思想以及他所建立的批判哲学体系。这个体系集中体现在他的著作之中。成就他的是他的思想和著作，不是他的自律。他的作息时间表之所以会被后世津津乐道，只是因为他成功了。如果从今天开始，你也严格按康德的作息时间表来死磕自己，做到十年如一日的自律，以至于大家也能一看到你在散步就知道现在是几点。这能让你成功吗？不能。成功的关键不在于你的行为，而在于你能否创造出被社会评价系统所公认的成就——这才是世俗意义上的成功定义。自律不是成功，也不必然带来成功。把自律看得太重就舍本逐末了。

第二，如果你是普通人，那么自律会让你在承受自己的普通之外，还得承受用圣人标准要求自己的各种代价。

前文介绍过自律是"遵循法度，自我约束"。只是别忘记，这个要求不是先秦诸子和古代先贤说给我们普通人的，而是讲给圣人和帝王的，是对圣人和帝王的要求。我们当然都是独一无二的，但又都是独一无二的普通人，不是圣人或帝王。有一种说法不知你是否听过，说一个人有 3 次认识自己的机会：第一次是认识到自己的父母只是普通人的时候；第二次是认识到自己也只是普通人的时候；第三次是认识到自己的子女也只是个普通人的时候。是的，当我逐渐意识到自己只是个普通人的时候也有很多不甘，但是现在回头来看，我深感庆幸。事实上，越早认识到自己是普通人，就越能脚踏实地，在平凡的工作岗位和人生际遇中闯出自己的天地。做个有梦想、肯努力的普通人真的很好。结果这个时候，成功学家突然跳出来了，让我们用圣人和帝王的要求来约束自己，岂不荒唐？

第三，通过自律来"死磕自己"是远远不够的，我们生活在社会协作网络之中，要处理好自己与社会的关系。

人活于世，就像一枚硬币，一面面对自己，一面面对社会。自律再伟大，也只是对于面对自己的这一个维度的强调。对于单一维度的过分强调，会让我们的认知出现"盲维"，这是非常可怕的事情。而且，当你沉浸在自律带来的美好幻觉里的时候，会自动放大自律带给你的好处，进而活在自以为是的优越感里。一个以自律为标榜的人，会处处表现出一种优越感，会看不上那些不自律的人，而这世界上的绝大多数人（比如我）其实是不自律的。然后，你就站在了自以为是的制高点，俯视芸芸众生，殊不知你是把自己孤立起来，和真实的、基于平等人际互动而建立起来的真实社会脱钩了。

注意，在目标驱动、意义驱动的人那里，他的行为表现看起来有点像自律，但他们从不自诩为自律，更不会把自律本身当成一种追求。他们哪有时间想这个问题啊，他们只是想要看看梦想赋予他的那个世界，他们只是在享受追求梦想的过程。从"自律拜物教"，转换到关注真正的目标和意义，然后让目标和意义驱动人生，这才是我们普通人真正该做的事。

Z4
直上云霄：击碎玻璃天花板

找到你的目标，方法就会随之而来。
——圣雄甘地，印度国父

英雄莫问出处。衡量科研人一生成就的关键，是看我们所取得科研成果的价值。比如，当你因为自己取得的某项成果而获得诺贝尔奖的时候，就没有人会去在意你曾经在一个四线城市的职业学院当了10年讲师。从这里出发，科研人一生成就的天花板，其实是由我们的目标所决定的。科研工作似乎孕育着无限可能，然而缺乏远大目标指引的话，你的天花板就近在咫尺，只是因为它是玻璃的，乍看起来似乎一切正常，所以并未被察觉到而已。

那么，我们该怎样找到自己的目标，击碎玻璃天花板，让自己的科研事业一路攀升、冲上云霄？我的建议是：找到拼尽一生也要为之奋斗的志业，训练你的上帝视角、磨砺你的系统思维，以终为始制订和实施你的行动方案，同时抛开噪声干扰，只做那些有助于实现志业的决定。当你这样做的时候，你将获得源源不竭的内驱力，"飞轮效应"将会发挥作用，助力你达成所愿。道理已然摆在眼前，让我们现在就开始行动。

Chapter 21
第 21 章

如何开启飞轮效应，成就你一生的志业？

到了本书的最后一章，我们来唱点高调，谈谈科研人一生的志业以及如何将它实现。所谓志业，就是一个人的志向使命，是要为之努力奋斗的"非我不可"的一种事业。谈及"志业"我能想到两个人，一位是中国古代"心学"的集大成者王阳明，另一位是现代西方极具影响力的思想家马克斯·韦伯。前者被誉为继孔子之后第二位同时做到立德、立功、立言的圣贤，后者则劝导大学教师都应当将学术作为自己精神上的志业。你可能觉得讨论志业太过虚幻，借用乔布斯说的"只有那些疯狂到认为自己可以改变世界的人才能改变世界"这句话，只有那些疯狂到认为自己可以拥有志业的人，才能成就志业。

1. 上帝视角，拥有跳出科研看科研的全局观

德国有句谚语说"生活是具体的"，这当然是种智慧。可一旦我们科研人把这种智慧用在科研工作之中，深陷鸡零狗碎的具体工作事务之中不能自拔，就未免糟蹋了这种智慧。想要有世界观，你得去看世界。想要拥有足以支撑你奋斗一生的志业，你就得从微观视角跳脱出来，拥有跳出科研看科研的上帝视角，把握全局。

个人视角与上帝视角

一个会思考也愿意思考的人，总能清晰地区分两种不同的视角，并在这两种视角之间进行自由切换。这两种视角，分别是个人视角和上帝视角。笼统地讲，个人视角看微观，上帝视角看全局。个人视角分对错，上帝视角看趋势。个人视角看应然，上帝视角看实然。在个人视角看来，一切都是可以改变结果的原因；而在上帝视角看来，一切都是做对了的事情的结果。一旦能清晰区分且善于在这两种视角之间进行切换，你就有机会成为"手眼通天"的人。这种人有手可以去做具体的事，也有眼可以去看全局的事。他们既能低头走路，也会仰望星空，因此也就有机会把自己从事的具体工作和全局性的、全人类的伟大事业联系起来，从而找到自己的志业。

这样说可能有点抽象，让我们看个例子。我要介绍一位创造了科学史上很多"第一"的顶级科学家。她是第一位获得诺贝尔

物理学奖的女性，她也是第一位获得诺贝尔化学奖的女性，更重要的是，她是人类历史上第一位两次获得诺贝尔奖的科学家，超越了当时所有的科学家。是的，我要介绍的这位科学家，就是居里夫人。此外，她是法国第一位获得博士学位的女性，她是巴黎索邦大学第一位女性教授，也是当时全法国教职最高的女性。她还被15个国家聘为科学院院士，先后担任了25个国家的104个荣誉职位，这种至高无上的荣誉哪怕到了今天也让其他科学家们望尘莫及。

居里夫人的人生经历和科学贡献相信你已经非常熟悉了，我在这里就不再赘述。我想重点讨论的是，她之所以可以在那么艰苦的条件之下，把自己对于放射性物质的研究工作40年如一日地坚持下来，是源自她对科学发现可以改变世界，改善人类生活的信念的笃定。也正是由于拥有这样的上帝视角，有了这样一个志业，她才可以如此执着于自己的研究工作，不仅拒绝从自己的研究发现中获得经济利益，还不惜牺牲自己的健康。晚年的她依然奋战在科研工作的第一线，以至于她的家人都看不过去了。

居里夫人的才华足以碾压我们绝大多数人，而且人家还比我们勤奋十倍百倍。为什么？因为她在为自己的志业而奋斗。她找到了自己"非做不可"的那件事。

如果新的 CEO 上任，他要做的第一件事是什么？

下面我们离开科研行业，再来看个发生在硅谷的商业经典案例，感受一下上帝视角的威力。那个因"灯，等灯等灯"的招牌式广告音乐而家喻户晓的英特尔公司，你一定知道它是做中央处理器（CPU）的。但是如果我告诉你其实当年让英特尔"扬名立万"的产品是半导体内存，你会不会觉得意外？从半导体内存到中央处理器，英特尔公司完成了公司业务的"惊险一跃"——如果当年的它没能成功转型，恐怕现在我们就不会知道这家公司了。

好了，让我介绍一下这个案例。英特尔一开始做内存生意做得风生水起，谁知道到了20世纪80年代初，日本半导体公司异军突起，质优价廉，很快就抢占了半导体内存的市场。而与此同时，英特尔公司的业绩不断下滑，大量产品滞销导致库存积压，再这么下去，公司将面临破产。面对这种局面，在1985年的一天，时任英特尔公司总裁的安迪·格鲁夫来到董事会主席兼CEO的戈登·摩尔（就是那位提出"摩尔定律"的摩尔）的办公室。他问摩尔："如果我们被踢出董事会，他们会请来一位新的CEO。你觉得他要做的第一件事是什么呢？"摩尔沉思片刻，回答说："他会放弃半导体内存业务。"格鲁夫想了想："既然如此，为什么我们不自己来做这件事呢？"

要知道，当年的英特尔能做出这个决定，是需要非常大的勇气的，因为那时的英特尔在人们心目中就相当于半导体内存，就好比一说到瑞幸那就是咖啡，一说到滴滴那就是打车。如果当年的格鲁夫只具备个人视角，没有看全局、看趋势、看实然的能力，不能跳出公司看公司，那也就没有今天的英特尔了。

2. 系统思维，打造专属于你的成功模型

查理·芒格说过一句话，"长期以来我发现一个有趣的规律：有系统思维的人，比有目标思维的人走得更远"。芒格的意思并不是说目标思维不重要，而是强调了拥有系统思维的人更厉害。如果你想成就一生的志业，光有这个志业作为目标可能还是不够的，你很有必要认真学习和运用系统思维。

什么是系统和系统思维？

所谓系统，就是一个由很多部分组成的整体，各个部分之间具有相互关系，同时它们作为整体，又有一个共同的目的。小到一只麻雀，大到一个国家，都可以构成一个系统。而所谓系统思维，就是一种关注整体性的思维方式，它要求我们用整体的观点观察和分析事物或问题，看清事物或问题的内部结构，以及内部构成要素之间的互动关系，并拥有主动"建构"或"解构"这个系统的思维能力。

为了方便你理解系统和系统思维，同时把系统思维和个人职业发展的应用场景相联系，我找到了一个关于"呆伯特"漫画的故事，希望对你有启发。

一个案例：做到"三个25%"会怎样？

这是关于一个"斜杠青年"的成名故事。故事的主人公叫亚当斯，他大获成功的原因，是创造出了一个享誉世界的漫画形象——"呆伯特"。亚当斯在总结自己成功经验的时候说，要让自己多发展几个熟练的技能，然后努力让其中的至少两项达到世界前25%的水平。他说，他画漫画的水平肯定不是世界最好的，他讲笑话的能力也同样不是，但是，他能把这两项技能都做到前25%，然后，奇迹就发生了：当他用呆伯特的漫画形象讲笑话的时候，他成功了。

显然，亚当斯的成功没这么简单，但是这里的"两个25%"却极具启发意义。想想看，如果我们想凭某一项技能取得世界级成功，这个难度是非常大的。因为这意味着，我们自己的水平要达到世界顶尖水平，排在前1%甚至1‰才有可能。而把两项不同技能同时做到世界的前25%，其实是容易的。

下面说说我的体会。亚当斯把自己的事业看成了一个系统，这个系统有三大支柱：一个是画漫画，一个是讲笑话，还有一个可能亚当斯自己也没注意到，那就是办公室政治。是的，在亚当斯成名之前，他的本职工作是办公室职员，多年的工作实践让他深谙"办公室政治"，而后来让他大红大紫的"呆伯特"漫画，讲的基本都是这个。也许，他对办公室政治的理解程度也达到了世界前25%的水平。过去我们一谈到成功，就是千军万马过独木桥——对应着芒格讲的"目标思维"，那个成功概率是非常小的，过程也极其惨烈。然而亚当斯为我们提供了另一条通往成功的道路——对应着芒格讲的"系统思维"：我一个人"兵分三路"，做到三个25%，绕过独木桥，也能取得成功。

我的系统：隐藏在"月度计划表"里的秘密

在上一章谈到任务管理的时候，我在介绍"月度计划表"的环节留下一个伏笔：我说，这张表格9的位置（见图20-3）以前是作为"备忘"，现在我在这个位置是画了一个四象限的坐标图。现在，图21-1所展示的，就是我为了获得成功而"建构"的自己的系统（也可以把它理解为，我为了获得成功而对"我"这个整体进行的"解构"图示），我把它称为"老踏的四象限成功模型"。

如图21-1所示，横坐标是工作维度，由"业余"和"本职"两个方面来构成，纵坐标是性质维度，由"防守"和"进攻"两个方面来构成。我的这个"系统"包括4个象限。第一象限是"科研"，这是我的本职工作，也是我安身立命乃至取得职业声望的最重要载体，我的时间精力也会集中往这个方面倾斜。第二象限是"内容"，是我的科研周边的内容生产（比如我写的这本书、运营的自媒体、开发的课程等），这既是我的业余爱好，也能获得一定的经济收益。第三象限是"投资"，投资的目的显然不是进攻，而是防守。我一般会把自己业余收益的 50% 用于投资，不追求高收益，只用最稳健的策略（参见我的"今天宣言"）去投资，防止我的劳动所得被通货膨胀侵蚀。第四象限是"健康"，这个没什么好解释的了，身体是革命的本钱，我会尽自己的所能来维护身心健康。希望我的这个"成功系统"对你有所启发。

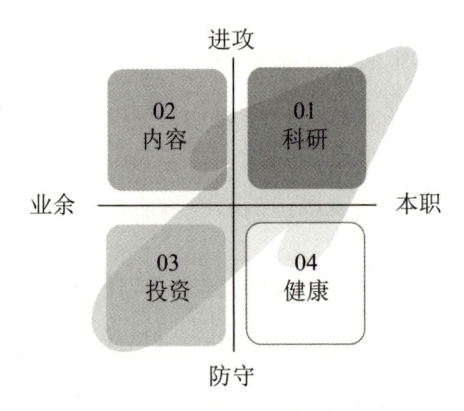

图 21-1　老踏的四象限成功模型

最后我还有一个补充的点。虽然亚当斯的三个 25% 和我的四象限图都是在打造个人成功模型，但它们都只呈现了系统思维的一个方面，那就是从横向截面式的、静止的方面来思考问题。其实系统思维还有另一个方面，那就是从纵向管道式的、动态的方面来思考问题。它所关注的是输入和输出的过程，正反馈和负反馈。受篇幅所限，这里就不展开介绍了。如果感兴趣，推荐去看一下史蒂文·舒斯特《11 堂极简系统思维课：怎样成为解决问题的高手》。相信这本书既能让你进一步理解系统思维，也能帮你成为打造成功模型、解决真实问题的高手。

3. 以终为始，从结果倒推回来配置现有资源

"以终为始"是史蒂芬·柯维在《高效能人士的七个习惯》里讲到的一个习惯。其实它所强调的，是一种"结果思维"。所谓结果思维，就是一种把自己的能力和行为转化为价值的思维方式。它的要点在于"结果导向"：我做这个行为的结果是什么？这个结果对我又有什么意义？这个结果有可能对别人产生什么价值吗？你瞧，当你习惯于关注行为结果的时候，你就避免了由结果的模糊所导致的时间精力以及注意力上的浪费。

以终为始的一个例子

为了方便你理解什么是以终为始，请允许我举个例子。

比如，你正在看的这本书，是我从事这项写作行为的结果。你也许并不关心我是怎样把这本书写出来的，但是作为作者，我不但关心这一点，还必须为了达到给读者带去价值的结果而进行统筹规划并按步执行。你瞧，这就是以终为始，是一种结果导向的思维方式。我要去思考，这本书应该覆盖科研工作中的哪些典型问题？要把这些问题讨论到怎样的程度，才能让读者所见即所得，有所收获？同时，这本书的内容该用怎样的结构来组织编排？它的写作风格应该是怎样的？怎样的篇章结构和写作风格，才能减轻读者的认知负担，即学即用，提升科研力？此外我还得思考，为了能在规定的时间把书稿交给编辑部，我要怎样组织自己的写作工作？每天大概要写多少字，要花费多少时间？未来的半年时间里，我能有这么多的时间精力投入到这本书的写作之中吗？是的，这就是以终为始，这就是结果思维。

看到这里，相信你已经发现了，若想达到结果、实现目标，

我们需要进行两次创造活动。第一次创造发生在头脑之中，是思维活动；第二次创造发生在现实之中，是实践活动。头脑中的创造对于结果的达成不可或缺，这里也是以终为始习惯、结果导向思维的主战场。对于实现你一生的志业而言，也是同样的道理。头脑中的这次创造的质量，将直接影响到你在现实中的实践质量，进而影响到你志业的达成。

以终为始的 3 点重要提示

为了做到以终为始，我有 3 点重要提示。

第一，定目标。土拨鼠的故事不知你是否还有印象，它说的是有 3 只猎狗在追一只土拨鼠，土拨鼠钻进了一个树洞，这个树洞只有一个出口，于是 3 只猎狗就在洞口等待。突然，树洞里钻出了一只兔子，只见它飞快地爬上了这棵树，由于它太慌张了没能站稳，就掉下来砸晕了正仰头看的 3 只猎狗。最后，兔子逃走了。这个故事有什么问题吗？有人说兔子不会爬树，有人说一只兔子不可能同时砸晕 3 只猎狗，这些问题都没有错，但是你有没有注意到，土拨鼠到哪里去了？土拨鼠就是目标，然而很多时候，人们走着走着就忘记自己为什么出发了。我们为什么做科研？我们来到这个世界，那个"非你不可"的使命是什么？我们该怎样定义人生的成功？找到并坚守自己的目标，是以终为始的第一个原则。

有了目标，也就有了以终为始的那个"终"。那么，怎样抵达呢？还要做计划，还得讲原则。

第二，做计划。关于做计划的道理以及如何做计划，我在"任务管理"那一章已经进行了介绍，这里就不做更多讨论了。还记得我在序言里讲的那个军队拿着错误的地图，成功翻越阿尔卑斯山的故事吗？是的，哪怕是一个错得如此离谱的计划，也可以对我们实现目标、取得成功发挥重要作用。

第三，讲原则。一旦制订了计划，不管它有多不靠谱，也要制定原则，遵照执行。这么做的道理在于，既然制订了计划，既然这个计划是你自己制订的，那么它就是此时此刻被你认可的、最为可行的、最符合你的认知和能力的、和你一生的志业最为匹配的计划。至于它到底靠不靠谱，是要在执行过程中去检验、去发现的。既然如此，按原则行事，我们的执行就不会变形。而执行越不会变形，就越能检验计划的可行性，发现计划中存在的问题，从而不断改进和完善。若非如此，一个不靠谱的计划再叠加上没有任何原则的执行，定下的目标再也没有抵达的可能性了，彻底变成空中楼阁。

当然，这里说的讲原则也不是彻底的刚性，不接受微调，只是这个度需要我们自己去把握。当你理解讲原则的重要性，也知道讲原则的目的，也就懂得原则性和灵活性之间的弹性空间有多大了。拿我的这本书来讲，计划六个月完稿，实际用了六个月零二十天，这个弹性是可以被接受的；计划六个月，实际用了六年才写出来一半，那就不是弹性了，而是原则被彻底打破了。

4. 来自马斯克的启示：梦想、责任、算法以及"去做"

我们该怎样找到一生的志业，击碎玻璃天花板，让自己的成就一路攀升、冲上云霄？现象级的传奇人物、世界首富埃隆·马斯克为我们提供了一个非常好的学习样本。在本章的最后，同时也是本书的最后一部分，让我们来做个升华，基于《埃隆·马斯克传》来观察一下这位天花板级别的成功人士，谈一下这本书带给我的启示。

第一，别让原生家庭、童年阴影为你现在的平庸苟且背锅，不管到什么时候，活出自己生命的意义，永远是你无法推卸的责任。

马斯克在很长时间都是学校里那个年纪最小、个头最矮的学生。而且他的性格还不好，不善于沟通，经常被霸凌，甚至被群殴住院。相比之下，父亲才是他真正的童年阴影。他的父亲是一位工程师，不尊重女性，家暴，情绪阴晴不定，缺乏同理心，完全没有同情心。最终，父亲的家暴行为导致马斯克的父母在他10岁的时候离婚了，他不得不搬去和父亲共同生活了7年……说到原生家庭、童年阴影，相信我们中的大多数人比马斯克幸运。然而他厉害的地方在于，这些问题并没有让他一蹶不振，他可以戴着镣铐跳舞，努力彰显自己鲜活的生命力。高手不是有着完美的童年，而是当最坏的情况发生后，依然敢于承担成长的责任，对自己的人生负责。

第二，每个有梦想、肯努力的人都需要有点工程师思维，敬畏客观规律，不让主观评判和情绪干扰客观事实，有事实检验能力。

马斯克一直不太认同自己的商人身份，更喜欢把自己看成是个工程师。而我在这里所说的"客观规律"对于马斯克而言，就是物理定律。他经常会说："不就是……（指某个具体的目标）吗？又不是要打破物理学定律。"虽然马斯克在宾夕法尼亚大学读书和在硅谷实习的经历加起来也只有一年的时间，但是这段经历让他发现自己对工程师职业及其思维方式的热爱。不论是在SpaceX公司的实验室，还是在特拉斯工厂的流水线，马斯克经常说："我最喜欢干的就是这个，跟一流的工程师一起搞迭代升级！"尊重物理定律，摒弃主观成见和所谓的传统，通过动手去做，验证想法，找到最优的技术手段，不断接近和达成目标。这就是马斯克的工程师思维带给我的启示。

第三，把自己的人生看作一个可以持续改进的系统，过好"人生切片"上的每一天，每天进步一点点，不断优化，成就非凡人生。

书中介绍了马斯克自创的一套帮他有效管理自己6家公司的"算法"。其一，质疑每项要求。哪怕马斯克提出的要求，也要通过质疑来看看是否存在缺点，能否改进。其二，删减所有不必要的规章或流程。马斯克提醒他的团队，如果他们从需要删减的规章里拿回了超过十分之一的内容，就说明删减得还不够。其三，先简化，再优化，这个次序不能乱。以免大家对一个原本不应该存在的规章或流程进行优化。其四，加快周转时间。遵循上面3个步骤之后，要加快流程，这样才能尽快发现问题，尽快改进。其五，自动化。把前面1~4的过程自动化，让系统自动运行。显然，这套算法对于我们管理人生也非常有启发。找到你一生的志业，剔除不重要事项的干扰，先简化、再优化，然后快速行动，不断迭代，形成"肌肉记忆"，很快，复利效应就会助你成就人生。

第四，不被嘲笑的梦想就不值得追求，"中二"和天才的差别在于，是否拥有行动路线图，坚信自己正在做一件改变人类命运的事。

马斯克的少年时期是在阅读中度过的。他可以一个周末就读两本书，还能做到过目不忘。在人生的这个阶段，对他影响最大的书是科幻小说。他最喜欢的3本书是《严厉的月亮》《基地》和《银河系搭车客指南》。这3本书对马斯克的人生影响巨大，直接让他找到了要用一生去追求的梦想。可以把马斯克的梦想概括为3句话：让人类成为可以跨行星生存的物种；让人工智能可以保护人类免于伤害；保存人类文明的火种。你会发现，马斯克的整个商业版图都围绕着这些梦想而展开，都在致力于这些梦想的实现。有人说疯子在左，天才在右。"中二"和天才之间最大的区别，在于"中二"只说不练，是个妄人；而天才会以终为始，设计行动路线图，通过努力来接近和实现梦想，是个实干家。

第五，不追求完美的自我形象，梦想太美好、人生太短暂，世界风云变幻，提高效率把事情做对，永远要比做个别人眼中的好人重要。

在这本书的开头，作者引用了马斯克的一段话："对于所有那些被我冒犯的人，我只想对你们说，我重新发明了电动汽车，我要用火箭飞船把人送上火星。可我要是个随和、放松的普通人，你觉得我还能做到这些吗？"读了这句话，不得不感慨于厉害角色和我们普通人所思所想的不一样。我们消耗了太多时间精力去维护"好人"形象，以至于忘记自己生命中最重要的使命——成为你自己。马斯克则专注于自己的梦想，他没有时间精力"搞人设"，他简单粗暴，不顾情面，难以相处。当然，我们没必要为了显得专注于梦想而极尽"低情商"之能事，除非真的找到了那个"非你不可"的志业，否则就是在东施效颦。

第六，人性太复杂，类似于"三体问题"那种复杂度，与其尝试理解自己、搞懂他人，不如把有限的时间精力集中在"做事儿"上。

不管从哪个角度看过去，马斯克都是一个非常复杂的人。他的成长环境很复杂、性格特征很复杂、创业经历很复杂、公司业务很复杂、个人身份很复杂。而且他的感情生活也很复杂，已经有了 11 个孩子。某种意义上，马斯克是厉害且复杂人物的一个缩影，他真正做到了集万千复杂于一身，很难被标签化，不容易被总结。与此同时，他又在不停制造大小新闻热点，也在实实在在地创造历史，改变世界。人，也许真的没有简单的幸运，与其尝试理解自己，搞懂他人，不如像马斯克那样，把这种复杂留给媒体和大众，自己则把有限的时间精力集中在实现自己的梦想这件事上，倾心于做事。

以上内容是我阅读学习《埃隆·马斯克传》获得的几点启示，希望对你也能有所启发。

后记

科研人，要像斯多葛主义者那样思考与行动

想想这一路走来，很不容易。

自 2018 年暑期结束自己的博士后在站工作以来，在做好自己高校一线教师本职工作、完成各项考核目标的同时，我陆续出版了 4 本和社科类科研工作相关的零售书。现在，我的这第 5 本书即将付梓出版。

其实辛苦倒还其次，保持忙碌、一路向前已经成为我的一种生活方式。最关键的是，有段时间，我经常会陷入一种"就要来不及了""已经来不及了"的焦虑甚至惶恐中。严重时会在梦中惊醒，浑身冒汗、大喘粗气（更年期？）。

当我意识到自己马上就要 50 岁（还有 395 天），却迟迟没有取得什么学术上的标志性成果，关乎自己职业成就乃至整个人生成就上限的想象空间正在不断坍缩，曾经无限的平行宇宙正在逐渐收敛，最终只留给我唯一的去处（通向死亡）的时候——直视这一点，的确需要非凡的勇气。我是普通人，却又不甘心就这么普通地走过这一生。

好在，斯多葛（在很大程度上）疗愈了我。2023年10月的某一天，我无意中在某公众号上看到了一篇文章，它的第一句话就击中了我："我们必须全力以赴，同时又不抱持任何希望。"

从这里出发，我得知说出这句话的诗人，是个斯多葛主义者。于是，斯多葛就从我之前头脑里的知识片段，逐渐生长成了认识论和方法论。我对斯多葛的学习和践行才刚刚起步，但实测有效。

在《沉思录》中，罗马皇帝马可·奥勒留这样看待"斯多葛主义者"：

他即使身在病中，身处险境，奄奄一息，流放异地，恶语缠身，却仍然感到幸福。他渴望与神同心，从不会怨天尤人，从不会感到失望，从不会反对神的意愿，从不会感到愤怒和嫉妒。

怎么样，是不是有点"放弃一切抵抗，内心充满阳光"的感觉？

下面，我来说说正在疗愈我的斯多葛有哪些魅力，希望对你有启发。

第一，人生如朝露，世间一切美好都会转瞬即逝。如果侥幸有所得，那也只是命运女神暂时借给我们的。所以，得到是意外之喜，失去是意料之中。一旦抱定这种信念，就没有什么能够伤害到我了。那些让我焦虑甚至惶恐的，完全是自己想多了。其实每天早晨能睁开双眼，能活过昨晚就已是最大的幸运，还"要啥自行车"？当身段放低到了这个程度，生活中的幸福感就会陡然上升。无常的命运再也无法伤害我们，什么论文被权威期刊退稿啊，国家社科基金项目申请结项又没过啊，没有获得当年的博士招生名额啊，都不过是毛毛雨。

第二，控制可以控制的，不能掌控的要学会放手。人生在世，我们真正能掌控的事非常少。可颇为讽刺的是，我们经常对能掌控的事情不闻不问，对无能为力的事情耿耿于怀。类似的道理其实已经听过不少。查理·芒格告诉我们：宏观是我必须接受的，微观才是我可以改变的。沃伦·巴菲特说过：如果说我的投资比较成功，那只能是因为我只在自己的"能力圈"之内做事。中国古代智者有言"尽人事，听天命"。你瞧，这些道理都是斯多葛式的。所以，斯多葛不是"躺平"、摆烂或者"佛系"，恰恰相反，它是实践哲学，充满力量。它强调要控制可以控制的部分，它着眼于"躬身入局"、专注于自己的能力、做到"尽人事"。

扪心自问，我这些年来的很多焦虑和惶恐，其实是在庸人自扰，是对个人不可掌控的部分学不会放手。再有，我这些年在科研工作领域陷入过的被动局面（比如论文发表和项目结项不顺），其实是我并没有把自己能掌控的部分掌控好，而对不可掌控部分的抱怨又极大影响了我的情绪，消耗了我的精力，左右了我的判断。这种审视和反思是比较扎心的，却让我看清了真相，再也没有逃避的借口。

第三，接受已成事实的过去，拒绝命运对于未来的安排。过去的确不可追，但这不重要。重要的是，未来尚可改。因此，对于未来，我们永远是有选择的。接受事实，勇往直前，把自己作为一个关键变量去影响乃至改变未来。这才是真正意义上的斯多葛主义者该做的事。然后，当我们真的这么做了，就坦然接受命运的馈赠或伤害就好。因为，从此以后，无常的命运就再也奈何不了我们。罗曼·罗兰的那句名言已经家喻户晓，他说："这世界上只有一种真正的英雄主义，那就是在看清生活的真相之后，依然选择热爱生活。"你瞧，热爱是一种选择。不管世界怎样改变，选择权永远在我们自己的手里。

第四，克制欲望，勤于反思，幸福比快乐更真实可控。克制欲望，可以让我们把注意力聚焦在最该完成的事情上；勤于反思，可以让我们不断成长。为什么说幸福比快乐更真实可控呢？所谓快乐，也就是自己被外在的环境给满足了，吃到了美食，结识了志同道合之人，看到了美景……对，快乐是一件高度依赖外部世界的事情。而幸福，则主要是一种内心的体验，严格来讲，它和外部世界无关。所以，追求幸福比追求快乐会让我们拥有更多的掌控感，也确实能够掌控。追求快乐，山珍海味、满汉全席也终将无从下口、百无聊赖；追求幸福，一碗阳春面也能吃出十里春风，每一口都是满满的感动。

……

此时此刻，以及之前和以后的每一刻，生命都在向着死亡奔涌而去。在它耗散之前，我们有能力保持内心的安宁，过好命运馈赠的每一天，然后，选择去热爱、去幸福，去为自己可以掌控的部分拼尽全力。

以上，是我的一个斯多葛式的后记，真心与你、与广大科研人共勉。

老踏，写于秦皇岛家中
2024 年 10 月 17 日